人居北京

历史城市的现代生活

单霁翔 著

中国大百科全书出版社

序言　人居北京

　　我在北京的四合院里长大，在四合院里学会了说第一句话，在四合院里学了走第一步路。我想这可能就是我讲话时经常会带一些北京"土语"的原因，这也可能就是我穿了30多年北京"懒汉"布鞋的缘起。从1954年起，我先后住过4处四合院，分别在崇文区（现在是东城区）的东四块玉、西城区的大门巷、东城区的美术馆后街和西城区的云梯胡同。

　　记得少年时代，我和小伙伴们一起登上景山，四下望去，成片成片富有质感的四合院灰色坡屋顶、庭院内高大树木的绿色树冠，形成一望无际灰色和绿色的海洋，烘托着故宫红墙黄瓦的古建筑群，协调和联系着中轴线两侧传统建筑，极为壮观。这是历经数百年的发展，最具北京文化特色的城市景观，也是我心中真正意义的古都北京。

　　每当看到或听到又有一条胡同或一座四合院消失，总有一种悲情涌上心头。对于四合院的感情，不仅是一种寂寞的乡愁，更是驻留在心灵深处的思念。因为，那里收藏着我的童年梦想。

　　我的专业是城市规划，毕业后就到城市规划部门工作。参加工作以后，正赶上经济大发展、社会大变革的时代。当年豪情万丈的少年梦，在工作后化为一步一个脚印的实践。伴随城市化进程的加快，城乡建设中的矛盾和问题也逐渐显露。北京历史城区的胡同四合院正在一天天地减少，而幸存下来的一些四合院也普遍存在修缮不及时、人均居住面积低、居民生活条件恶化等问题。

我在日本留学时的毕业论文题目就是关于历史街区保护和利用的研究。工作后数次在城市规划部门和文物保护部门之间调动。这样的经历使我常常将城市规划工作和文化遗产保护工作结合在一起思考。我们在北京中轴线两侧设立胡同四合院的历史文化保护区；我们在故宫、天坛两侧规划出建设控制地带（也叫缓冲区），防止新建的高大建筑或大体量建筑群的不和谐侵入；我们发起"爱北京城，捐城墙砖"活动，呼吁大家把过去拿回家的城墙砖送回来，一起维修明城墙遗址……在发现问题、研究问题、解决问题的实践中，我对北京城市规划的体会已不止于儿时的淡淡乡愁，更多的是在工作实践基础上的理性思考和深切体会。

在清华大学吴良镛教授的指导下，我将多年工作体会加以系统整理，完成了博士论文，也收获了关于文化遗产保护和城市文化建设的新认识。吴良镛先生深入研究了北京地域文化和风俗习惯，用最低的成本改造菊儿胡同41号院，既改善了四合院居民的生活条件，又延续了城市原有的历史环境。这是对老城更新和危房改造的创新探索，吴良镛先生也因此获得了"世界人居奖"。近年来，先生年事已高，出行要坐轮椅，但每当《千里江山图》在故宫博物院展出时，他总是要到现场，站起来长久地凝望。或许这就是他心中美好的人居意境。吴良镛先生与北京城市规划有着颇深的渊源。从院落细胞到胡同肌理，从长安街筋脉到中轴线脊柱，从"大北京规划"到"京津冀协同"，无不渗透着吴良镛先生对"人居环境科学"思想和"匠人营国"理念的实践，更使我受益良多。

2017年9月，《北京城市总体规划（2016年—2035年）》正式发布，围绕"建设一个什么样的首都，怎样建设首都"这一重大课题，古老的北京，开始了新一轮的变化和成长。拥有"规划人"和"老北京"的双重身份，我对北京城市规划可以说既有满满回忆，又有无限期待。因此，当2019年北京电视台邀请我参加一档"城市复兴"题材节目的创作时，我欣然应允。

节目的名字叫《我是规划师》，创作初衷是向老百姓介绍首都的城市规划故事。在节目创作过程中，我和节目嘉宾以"探访人"的身份走进一个个特定的街区，与当地居民互动，与20余位规划师交流，深入研究具体规划项目的前世今生，解析这些项目和案例对城市、城市人和城市生活所产生的深远影响。节目创作很不容易，其间又遇到了新冠疫情，户外创作因此而一度停滞。节目组本着匠人精神，克服重重困难，经过近两年的努力，终于让第一季节目于 2021 年 1 月 19 日在北京卫视与观众见面。4 月 13 日，第一季的 12 集全部播出完毕。节目在社会公众中，以及规划界、媒体界反响强烈，获得好评。

对我而言，节目创作的过程，也是在行走、交流和体验中，对熟悉的"旧事"产生新理解的过程。因此，我将在节目创作过程中的回忆、思考和体会写成了系列书稿。

人居环境的守护和营造是城市发展中的重要课题，也为系列书的书名提供了灵感。首都北京生活着千万人，"建设一个什么样的首都，怎样建设首都"，这不仅仅是面向规划界提出的课题，更是面向每一个在首都的奋斗者而提出的问题。

愿每个人都能从实践中寻找到自己的答案。

目 录

第一篇

北京城的前世今生

伟大的一座城

古都北京是国家历史文化名城，无论历史风貌，还是文化价值都是举世瞩目的，值得我们倍加珍惜和爱护。北京历史城区，也称北京老城，是指昔日明清北京城墙所围合的地区，地理位置举足轻重，是反映北京古都风貌的代表性区域，是世界城市建设史上的瑰宝，其中保留着壮美的城市中轴线、棋盘式的道路系统、平缓开阔的城市空间格局、生动活泼的园林水系、浩若繁星的文物古迹和丰厚的地下文化遗存，这些共同构成了北京老城灿烂的文化景观和淳厚的文化神韵。

"地表最强"城市的包容性

北京老城是人类文明的伟大遗产，是世界城市建设史上的一个伟大成就，其核心优点在于有计划性的城市整体，包括宏伟而庄严的布局、卓越的空间处理风格、合理有序的街道系统，以及紫禁城等建筑单体的历史意义与艺术表现。1967年，美国城市设计大师埃德蒙·培根在《城市设计》一书中评论："人类在地球表面上最伟大的个体工程也许就是北京了。这个中国的城市，被设计为帝王之家，并试图成为宇宙中心的标志。"梁思成先生称北京为"都市计划的无比杰作"，吴良镛教授称北京为"中国都城发展的最后结晶，封建时代城市建设的最高成就"。

北京老城集中了文化古都的物质与文化精华，有着深远的文化历史渊源和鲜明的中华民族风格，是城市发展之源，也是文化古都的传统之根、文脉之本和风貌之基。这里不但拥有无数珍贵的文物古迹，还蕴含着极其丰富的文化信息，是中华文明的集中体现。北京当之无愧为世界上同时代城市中规模最大、延续时间最长、布局最完整、建设最集中的文化古都。因此可以说，北京老城的每一方土地、每一寸肌理、每一道天际轮廓线中，都承载着北京城市的生命与性格、历史与记忆。因此，北京老城被誉为"城市设计思想的光辉宝库"。

在著名历史地理学家侯仁之先生的心中，北京城是一座"圣城"，他穷毕生之力探索、研究北京，对于北京老城的保护更是殚精竭虑。他在《北京城的兴起》一文中论述，远在旧石器时代，从早期的北京

1933 年山顶洞遗址发掘现场

1935 年北京猿人遗址发掘现场

猿人到晚期的山顶洞人，也就是大约从 50 万年前，都有古代人类繁衍生息在北京小平原西侧的沿山洞穴里。到了大约 1 万年前，人类从山区来到平原，开始建立原始的农村聚落。侯仁之先生

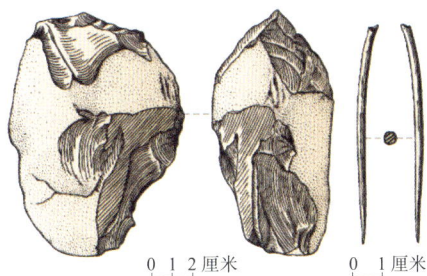

0 1 2 厘米　　0 1 厘米

山顶洞人使用的石器和骨针（示意图）

在《论北京建城之始》一文中特别指出，在北京原始聚落上建立的蓟国，其所在位置既是古代直通中原的南北大道的北方终点，又是分道北上进入山后地区的起点，实为南北交通的枢纽。

位于环渤海地区的北京，是农耕文化与北方游牧文化、渔猎文化的结合处，多元文化在这里碰撞交融，不但孕育了早期中华文明，还伴随着夏商周王国、秦汉帝国的建立，推动了中国古代文化与文明"从文化多元一体到国家一统多元"的纵深发展。

中国考古学家苏秉琦先生在《中国文明起源新探》中指出，以燕山南北长城地带为重心的北方，是中国考古学文化六大区系之一，对燕山南北长城一带进行区系类型分析，可以认识到这一地区在中国古文明缔造史上的特殊地位和作用。苏秉琦先生认为中国统一多民族国家形成的一连串问题，似乎最集中地反映在燕山南北长城一带，不仅秦以前如此，就是以后，从南北朝到辽、金、元、明、清，许多"重头戏"都是在这个舞台上演出的。苏秉琦先生所言"重头戏"，均是以农耕文化与北方游牧文化、渔猎文化的碰撞交融为主题的。北京

是这一幕幕历史大戏的中心舞台，主旋律正是"传承、吸收、融合、创新"。

侯仁之先生认为，一座历史文化名城，必然有其本身的特点，导致这座城市独特风貌的形成和发展。

北京从最初南北文化接触的地区中心到周朝的燕都蓟城，成为一个地区性的政治中心；再到隋唐时期的涿郡、幽州城，成为一个接近边防的军事重镇；一直到辽代的陪都南京城，金代的首都中都城，这是北京的建都之始，也成了全国的政治中心。金中都城以辽南京城为基础，向东、南、西三面扩建而成，城内置62坊，皇城略居全城中心，街如棋盘。学术界根据北京古代水系分布情况，以及相关历史记载，确认蓟城、幽州城、辽南京城、金中都城的核心部位，均在今西城区宣南一带。

故宫博物院故宫学研究所副所长王军教授认为，北京市应该把城市考古作为一项重大文化工程来对待，以科学而系统的考古工作把失踪的城市史寻找回来，使北京3000多年建城史得到科学实证，无愧于世界级历史文化名城的地位。北京历史建筑与城市空间所见证的"从文化多元一体到国家一统多元"，彰显中华文化有容乃大的开放性与适应性，这是中国以汉族为主体的统一多民族国家不断发展壮大的根本，亦明显不同于西方民族国家的发展模式。中国古代对不同民族、不同文化、不同宗教信仰的包容式发展，对于今天人类和平事业的建设，具有重大意义。

北京城市的重要特色还在于文化多样性。北京是农业文明与游牧文明融合互动的交汇点，是孕育和生成多民族文化的摇篮，造就出多民族文化交融的城市面貌。有容乃大是中华文化的主流。北京作为文化古都，其形成与发展的历史成就是由各民族所共同创造的。公元10世纪以后，北京先后作为辽、金、元、明、清五朝都城。由我国历史上的契丹族、女真族、蒙古族、汉族和满族这五个民族先后建立的王朝，尽管五个民族都有各自的文字、信仰和生活习俗，但是，各朝代和各民族都遵循中华民族的主体文化。

北京作为一座历经千年之久的古都，有着悠久的文明和灿烂的文化，积聚了中国传统城市的人文精髓，整个北京老城匀称而明朗的平面布局是世界奇观。可以说北京城的每一寸土地都散发着中华民族的人文气息。这种多元一体化的民族历史文化，不但为北京城市发展注入了新的活力，而且还保持了中华主体文化的延续性。例如，当藏传佛教传入汉族地区之后，以北京为中枢，通过佛教的传播推动了汉、藏、蒙、满民族的大融合，使"国家一统多元"达到一个新高度。北京老城为这一宏大历史的持续和纵深发展，提供了宝贵的历史见证。

这些足以表明，在北京城的规划与建设中有着多民族人文元素的存在，并有民族文化之间的交融。这座由不同北方少数民族与汉族建造和不断完善的北京老城，营造出了丰富多彩的城市空间，形成从宫城，到皇城，再到内城、外城的空间等级序列，这既是中华多民族统一国家的象征，也是中华传统文化传承发展的体现。北京的历史、文化、文明长盛不衰，奇迹般地将主流文化和多元文化融会起来，创建出了一个多元民族与多元文化共生共荣的典范。

"方正"间见"圆融"

中国人把对天地万物的生命轮回和运行理解为规律和秩序，强调人类社会必须遵循这种规律和秩序。北京老城空间营造所包蕴的敬天信仰、象天法地理念，实为中国古代"天人合一"思想的体现。中华先人所推崇的"天地与我并生，而万物与我为一"的世界观，对于校正人类在工业革命之后推行增长主义生产生活方式所造成的生态环境恶化等危机，具有极强的现实意义。重塑可持续的天人关系，就必须在科技创新基础上向传统文化学习，充分汲取中华文明的养分，进而成为人类共同分享的价值。这是 21 世纪中国对于人类的责任，也是中国人应该做出的贡献。

北京城的特殊风貌除继承了过去的若干特点外，主要还是由于它作为元明清三朝的封建国都而最后形成，这些在城市规划和城市建设上表现得最为突出。说北京老城是我国封建时代国都建筑艺术集大成的一座城市并不为过。直到 20 世纪 50 年代初，它还被基本完整地保存下来。从某种意义上来看，整个北京老城就是一份极为宝贵的历史文化遗产。这里拥有无数文物古迹，例如，辉煌壮丽的宫阙建筑、气势恢宏的庙坛府第、丰富多姿的古典园林，以及数不胜数的亭台楼阁和散布在民间的深宅大院等，更为可贵的是城市整体布局和结构上已经达到如此之高的艺术水平，是人类历史上任何都城都不能企及的。

城市文脉是北京老城的个性和标志，是创造与建设宜居城市的

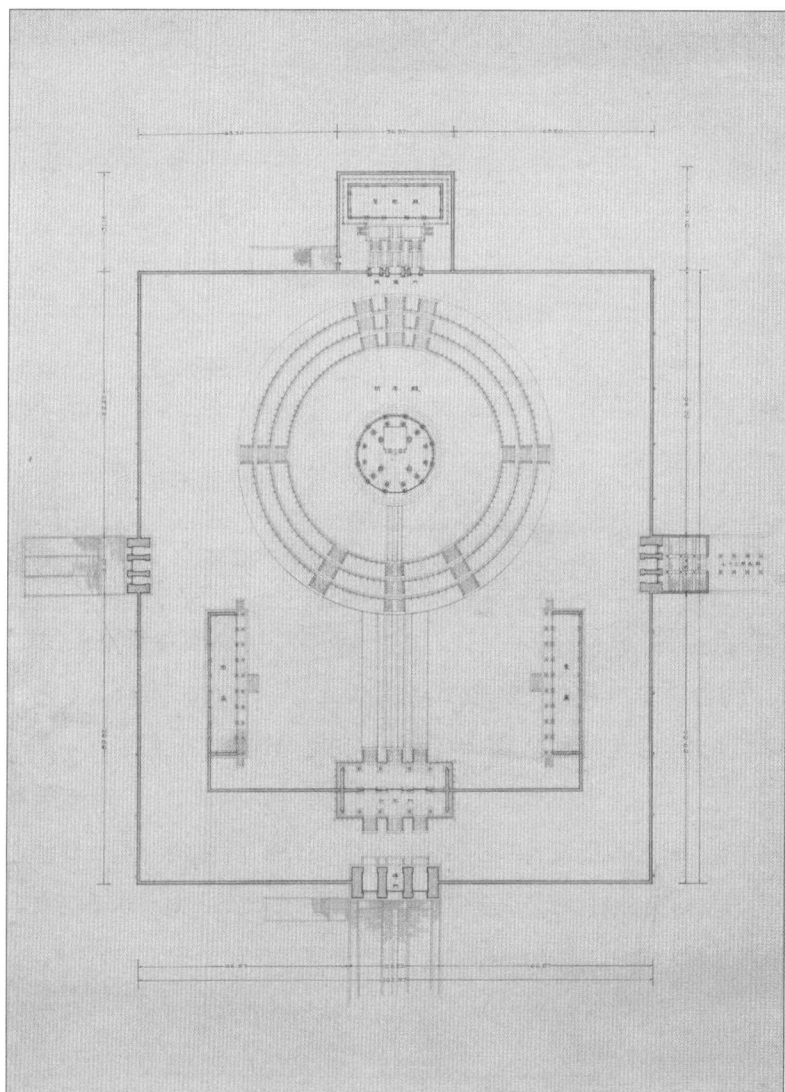

祈年殿总平面图（中国文化遗产研究院藏）

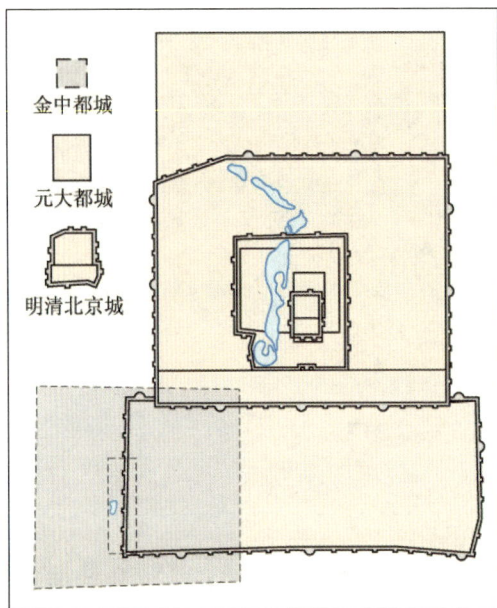

金中都城

元大都城

明清北京城

北京城址变迁示意图

现实基础和文化财富。一座座传统民居院落相依形成一条条历史街巷，一条条历史街巷并联又构成一片片历史街区，从而形成秩序井然又气象万千的城市文脉。北京城内宫苑、街道、胡同、四合院的有机结合，形成了一个互为依存、不可分割的有机整体，使整座城市充满活力。

正是因为紫禁城及其周边文物古迹和传统胡同四合院的整体存在，北京老城才显示出与世界上其他首都城市中心不同的文化魅力。

梁思成先生曾感慨地说："北京是在全盘的处理上，完整地表现出伟大中华民族建筑的传统手法和在都市计划方面的智慧与气魄。这整个的体形环境，增强了我们对于伟大祖先的敬仰，对于中华民族文化的骄傲，对于祖国的热爱。"前辈学者在对北京老城所具有的历史、艺术、科学价值予以高度评价之时，皆指出北京古代城市空间营造与天地自然环境存在深刻联系，这为进一步发掘北京历史文化价值指出了方向。北京老城得益于历史上路网的决定性影响，加之后来老城保护规划的努力，秩序与自然并置的城市肌理依然保存至今。在街区尺度上，自然园林和街巷绿化形成绿色系统；在庭院尺度上，庭院绿化自然元素打破了人工秩序的界限。

北京老城作为中国古代城市的杰出代表，其营城思想不仅体现在城墙范围内集中建设区的城市布局规划和结构关系，还包括外围的重要坛庙、行宫及园林景观，这些均为城市规划建设的重要组成部分。因此，应将与明清北京城布局密切关联的坛庙区，以及鱼藻池等在历代都城建设中有着重要历史地位的城市标志物、人工水体纳入老城的保护研究范围，同时挖掘其他能够体现营城理念的遗存、遗址，加强北京老城与三山五园地区关系的研究，实现北京老城整体保护研究在空间上的完整性。

同时，与明清北京城市布局密切关联的"九坛八庙"为老城内重要皇家坛庙建筑群、王府建筑群中精华部分的提炼总结。目前"九坛八庙"中除堂子外，均单独或以文物的组成部分的形式列为文物保护单位。再有遍布北京老城的清代亲王府、郡王府、贝勒府、贝子府等，仅在《乾隆京城全图》上就标绘了38处。这些府邸的主人均是皇族贵胄，从紫禁城来到民间，其府邸建筑则同样遵守礼制和等级要求，具有朝、寝、祭祀和居住功能，它们是紫禁城与民居的中间层次，亦应加以保护。

北京反映出的中国城市规划思想，形成于周，在春秋、战国时代被整理，并逐渐在以后的朝代中成为中国核心价值观的礼制思想。《周礼·考工记》中对于都城的规模和布局有"匠人营国，方九里，

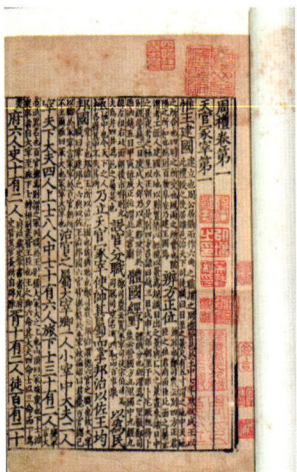
《周礼》宋刻本

旁三门，国中九经九纬，经涂九轨，左祖右社，面朝后市，市朝一夫"的表述。这种规划思想在中国历代都城的建设中得到了不同程度的体现，而北京作为中国封建时代建设的最后一个都城，则体现得最为完整。今天，大量的考古发现证明，辽南京、金中都、元大都、明北京等历代都城的营建，都遵循了我国历史上《周礼·考工记》中关于都城营建的理论，继承并发展了城市中轴线的建设传统。

北京老城也是以《周礼·考工记》的王城规划理想为出发点，结合地理形态进行的规划，其最大的特征就是城市风貌与格局的整体性和有机性。它的规划和进化过程体现出将科学、美学及古代哲学思想应用于城市设计的创造，以及通过城市规划建立社会秩序、规范社会生活的方法，反映了中国传统营城理念的独特价值。同时，老城的规划建造综合体现了中国传统空间布局、景观营造的独到手法与各类建筑、设施建造工艺的最高成就，是传统城市建造的杰出代表和经典范例。

比较世界上几个曾经产生全球性影响的主要文明可以看到，无论是古埃及文明、两河流域文明，还是印度河文明等都没有保留下类似北京的这样经过严谨规划的都城。以希腊和罗马文明为源头的西方文明中的重要都城，由于自身发展的历史，以及不同于以中国为代表的东亚文明基于等级、礼制的规划思想，并未出现或形成类似北京这样完全根据规划建成的都城；尽管在罗马帝国和天主教的中心罗马，以及路易十四和拿破仑时代的巴黎，曾经在城市的某些区域出现了与北京类似的轴线规划，但是总体上都还是屈从于原有城市的格局和肌理。从这个角度，北京的独一无二毋庸置疑。

关于北京老城的价值，近代以来中外学者多有论述。人们在对北京所具有的历史、艺术、科学价值予以高度评价之时，皆指出北京古代城市空间营造与自然环境存在深刻联系。北京老城所体现的中华文明惊人的连续性与天人合一的中华智慧，对于克服工业革命之后人类面临的种种危机，修复天人关系，具有巨大的启迪价值。今天，我们已能清楚地看到：北京老城所代表的以天地自然环境为本体，整体生成的规划方法，是迥异于西方城市规划，最具东方文明特色的城市营造模式；北京古代城市规划体现了中华文明持续不断发展最具基础性的知识体系与哲学观念。

在一些人的眼中，与高耸直刺苍穹的西方建筑相比，北京老城建筑似乎普遍显得较为低矮、平淡。实际上，中国建筑正是以简单重复的单元组成的复杂建筑群落，在严整中又富于变化，变化中又求统一，体现出一种整体之美、均衡之美、理性之美。一座城市的规划属于上层建筑范畴，其建设理念必然受到所处时代的政治制度、社会经济、科学技术水平等的影响。明清北京城的规划建设受"天人合一，象天设都"规划理念的深刻影响。北京老城所代表的以天地自然环境为本体，整体生成的东方城市营造模式，导源于中华先人固有的宇宙观。

"天人合一"不仅是中国文化、中华哲学的基本精神，也是中国最有代表性的文化特征，是历代都城规划的思想基石。"象天设都"则通过象征手法及物质形态，体现皇权的尊贵，营造天、地、人三者之间高度和谐，是东方宇宙观在都城规划建设中的具体体现。正如北京历史地理研究专家朱祖希教授在《北京城：中国历代都城的最后结晶》一书中所言："我们的先人以卓越的智慧和辛勤的劳动，为我们创造了举世公认的奇迹，然而，更新的奇迹——既要整体保护北京老城，为后代留下一份弥足珍贵的历史文化遗产，又要建设现代化国际大都市。"

元大都是明清北京城的基础，明清北京城在今长安街以北与元大都旧址重叠。元大都中轴线研究对于北京城市规划史研究，以及老城整体保护，特别是保护传统中轴线工作，具有十分重要的理论与实践意义。元大都的最大特点是先有规划而后建城。主持元大都营建的是元世祖忽必烈与太保刘秉忠。《元史·刘秉忠传》记载，元世祖命令刘秉忠相地营建上都与大都，并制定制度，为帝国奠定基础。元中统元年（1260），元世祖忽必烈进驻燕京，居于琼华岛。至元三年（1266），忽必烈下诏于燕京旧城东北相地营建新的都城。至元八年（1271）开始营建主宫大内，次年基本建成。

刘秉忠精通儒、释、道等学说，对元大都的设计基本遵循了《周礼·考工记》的规定和《周易》中阴阳八卦的原则，并对元大都城中

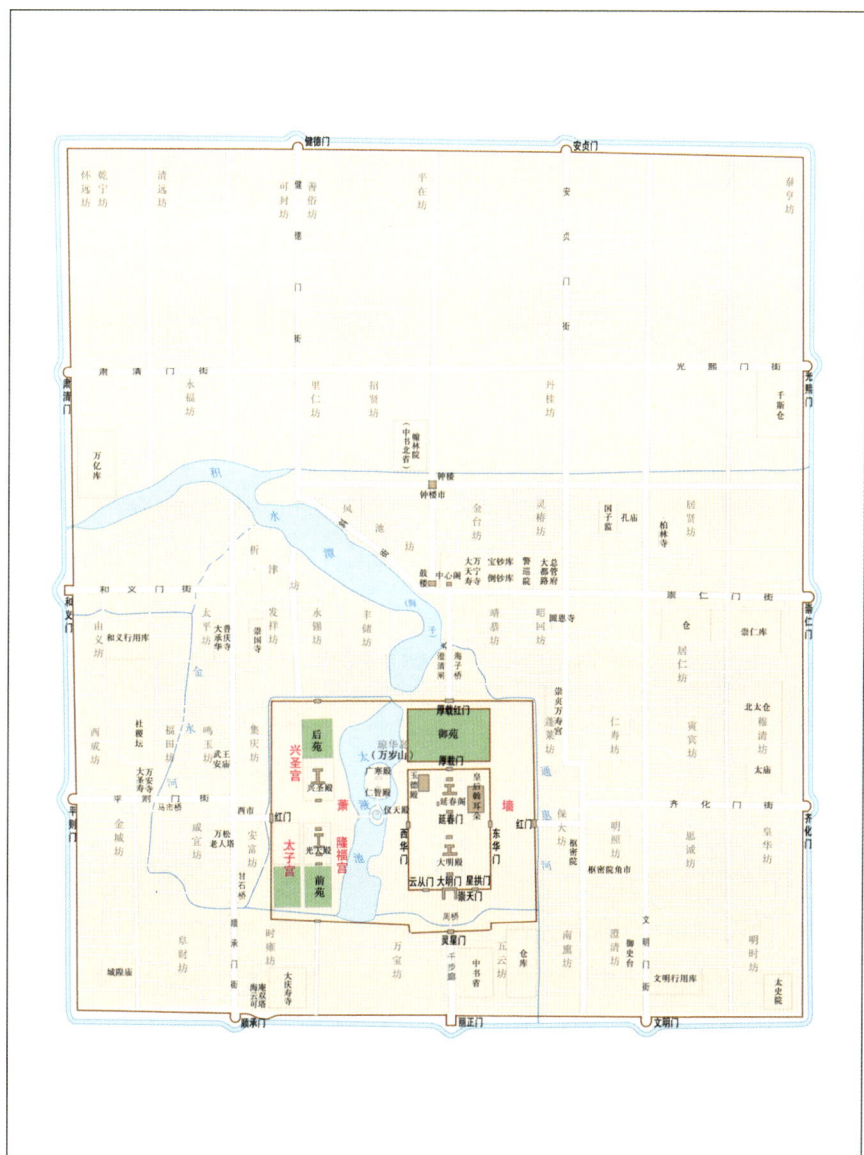

元大都城平面示意图

皇室贵族及平民的生活区域做出详细规划。考古勘察已经基本查明，元大内的位置位于明清紫禁城北部。其中，元大内东西墙与紫禁城的东西墙重合，南段压在紫禁城东西墙北段之下；元大内南墙及正门崇天门在今太和殿一线，北墙及北门厚载门在今景山寿皇殿一线。考古实测表明，元大都城址周长 28600 米，其中，北城墙长 6730 米，南城墙长 6680 米，东城墙长 7590 米，西城墙长 7600 米。

元大都的设计还遵循了"象天法地"的原则。所谓"象天法地"，简言之就是天上的星象与人间社会构成对应关系，将天空星辰的祥瑞对应到地上，以仰观天文，俯察地理。"象天法地"在元大都设计与规划中的运用，可见于最宏伟的宫殿大明殿（元大内正殿）与紫微垣相对。紫微垣是天上至尊之星，天之枢纽，受众星朝贡；对帝都皇城而言，则意在万众所归、人心所向。此外，还可见于元大都的海子与天上的银河相对应。大都之中，旧有积水潭，聚西北诸泉水，流行于都城而汇于此。汪洋如海，都人因名（海子）焉。在《周礼·考工记》中，都城内没有湖泊水面，因"象天法地"，而将海子纳入元大都城。

元大都体现了元朝"大哉乾元"的气魄。宫城、皇城偏于都城南部，市场在皇城北部，宗庙、社稷分列宫城东西两侧，正殿在寝宫之南，充分体现了元大都遵循《周礼·考工记》的"面朝后市""左祖右社"等理念，这一布局形制也是古代都城发展史上最接近《周礼》的。元大都东西南三面各设三座城门，宫墙内的水域作为皇家池苑依旧制命名为"太液池"，以及南自外郭城正门——丽正门，向北依次的皇城正门——灵星门、宫城正门——崇天门、大明门、大明殿形成的都城中轴线等，都保存着渊源久远的华夏都城文化内涵。[①] 1994年，吴良镛教授在《北京旧城与菊儿胡同》一书中指出，元大都是第一次有意识地把我国古代历史上《考工记》中描述国都"理想城"的形制，结合北京的具体地理条件，以最近似、最集中的规划布局手法，创造性加以体现的城市。

明清北京城的规划建设颇具特色，最显著的有两个特点：一是平面格局呈"回"字形，即以太和殿为中心，以紫禁城、皇城、内城为外围，形成层层拱卫的格局；二是有一条贯通南北的中轴线，统领全城。朱祖希教授认为，正是明清北京城在都城规划上的这两个鲜明特点，构成了"任何文化都未能超越的有机图案"。北京城内最核心的是紫禁城，整体布局的均衡之美、空间序列的韵律之美、建筑空间的尺度和比例之美、建筑色彩设计的整体之美，构成宽广与深远、复杂与严谨相融合的、世界上独一无二的文化景观。

明代以后，胡同作为北京道路的特殊名称大量出现，并且成为主要称谓。《乾隆京城全图》完成于乾隆十五年（1750），原图比例约为 1∶650，清楚地绘制了城市的街巷、院落、房屋甚至房间，是目前所见时代较早且最为详细的北京城实测图。1943 年，梁思成在《中国建筑史》一书中指出，明之北京，在基本原则上实遵循隋唐长安之规划，清代因之，以至于今，为世界现存中古时代都市之最伟大者。

---

① 谭晓玲.维今之燕，天下大都［N］.人民日报，2016-12-11（12）.

1949 年 3 月，梁思成组织清华教师编写完成《全国重要建筑文物简目》，并发到作战部队，标出在解放战争和接管工作时注意要保护的文物建筑。《简目》提出的第一项文物即"北京城全部"，第二项是"故宫"，实际上第一、二两项都包括了故宫。简目在说明中称明清北京城"世界现存最完整最伟大之中古都市；全部为一整个设计，对称均齐，气魄之大举世无匹"。同时，对故宫做了最重要的标志，画上了最高等级的四个圆圈。目录上写道：a. 北平城中央自中华门以北包括紫禁城之全部。b. 宫殿。c. 明初（约 1400）创建，现存建筑多明中叶（约 1500）以后重建或重修。d. 为全世界现存规模最大之皇宫。[①]

不容忽视的"城市折叠"

中国每个古代城市都有自己的发展特点，这是中国历史文化遗产中最宝贵的部分。这些城市的位置基本固定，使历史性城市成为"重叠式的城市"。虽然历朝历代都有变化，但是由于当时生产力水平低下，城市的基本规模和街道布局很难改变。例如，北京的元大都城遗址就有 2/3 压在今天北京古城的北部，700 多年的街道布局依然保留在今天的北京城市之中。苏州城始建于公元前 514 年，建城

---

① 罗哲文 . 我所知的梁思成与故宫的一片情缘［J］. 中国紫禁城学会会刊，2001（6）：15.

2500多年，历经沧桑，城址至今未变，与宋时《平江图》相对照，今天古城的总体框架、骨干水系、城墙位置、路桥网络仍然基本相符。

北京老城地下埋藏着历朝历代的重要遗迹遗物。今天，北京老城有许多街道和胡同仍然保存着元大都街道布局的遗迹，不断丰富和填补元大都研究的空白，为城市考古积累了丰富经验。但是金代以前的北京城址状况，还长期停留在文献和推测阶段。1990年，在北京西厢道路工程中，北京市文物研究所沿今西城区滨河路两侧，对金中都宫殿区

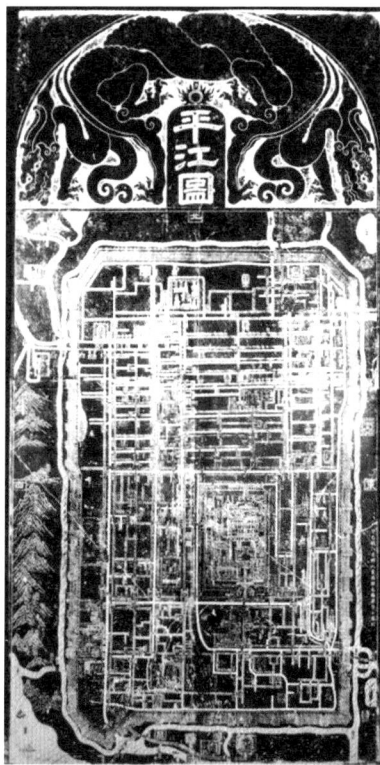

《平江图》

进行考古钻探与发掘，探得夯土区13处，基本确定了应天门、大安门和大安殿等遗址的具体位置。但是在此后的大规模老城改造中，尽管在宣南地区不时有一些地下考古遗迹在施工中被发现，但是都不是文物部门主动发掘的结果，往往因得不到应有的重视而遭到破坏。

一段时间以来，北京经济发展势头迅猛，城市建筑数量和规模持续增加，大量基础设施建设项目纷纷上马，南水北调、能源管线、体

育场馆、科技园区、高速公路等基本建设工程使城市布局和功能区划发生了深刻变化。特别是在北京老城范围内实施的建设项目持续增加，涉及大量地下文化遗址的抢救性保护。北京地下文化遗址普遍埋藏较浅，极易受到各类建设活动的影响和破坏。但是，由于相关法律法规中对建设工程考古工作的规定较为原则，可操作性不强，再加上一些相关部门和单位重视不够，因此，在实际工作中关于"地下文物埋藏区"的相关规定难以得到严格执行。

据不完全统计，2003—2009 年，北京市文物部门配合各类基本建设工程开展的考古和文物保护项目仅 410 项左右，远远少于这一阶段新开工建设项目的数量。长期以来，一些工程建设严重忽视城市考古工作和对文化遗址的研究与保护，在未开展前期考古调查、勘探和发掘工作的情况下擅自开工，使地下文物保护陷于被动局面。一些交通枢纽、地铁车站等建设项目在施工过程中，曾经发生文化遗址、古代墓葬遭到破坏或出土文物被抢被盗的恶劣事件，致使珍贵文物蒙受损失。

为妥善解决北京老城建设发展与地下文物保护之间的矛盾，确保地下文物安全，2010 年，在全国政协十一届三次会议上，我提交了《关于将北京旧城整体列为地下文物埋藏区的提案》。一是建议将北京旧城整体列为地下文物埋藏区。二是建议规划、建设部门进一步加强与文物部门的沟通，在审批基本建设项目时，明确要求所有位于旧城区内的建设项目必须进行前期考古工作，将地下文物保护纳入建设项目审批的前置环节。三是建议文物部门建立向社会发布需要先期开展考古工作的建设项目名单和发布考古工作进展情况的公告制度，并加强执法督察，建立向建设单位下达文物行政执法督察预通知制度，加大建设工地现场执法督察工作力度，及时处理并公布相关信息。

北京地下文物资源十分丰富，具有分布范围广、延续时间长、保护价值高等突出特点，为研究城市建设历史和历代城市布局提供了大量实物证据，也是体现北京城市文化内涵和特色的宝贵资源。近年来，北京市加强对老城历代遗存、城址等地下文物的分布情况的系统研究，重点加强对唐幽州城、古蓟城的城市考古研究，加强辽南京城、金中都城、元大都城的城址变迁研究，同步开展不可移动文物和可移动文物的历史研究。在此基础上，开展了一场场考古调查和保护行动，深入挖掘中华文明在北京地区不间断传承的文化魅力和历史价值。

2014 年，习近平总书记视察北京工作时指出："北京是世界著名古都，丰富的历史文化遗产是一张金名片，传承保护好这份宝贵的历史文化遗产是首都的职责。"为此，要切实做到在保护中发展、在发展中保护，让中华文化的丰富与厚重影响世界。历史留给北京丰厚的文化遗产，历史也同样赋予了北京保护历史遗产的职责和使命。

作为中华优秀传统文化的结晶，必须"像爱惜自己的生命一样"对北京老城进行积极保护，再创老城辉煌。为此必须调整北京历史文化名城保护的战略方向，扭转单中心城市结构失衡的发展局面，遏制"摊大饼"式城市扩张，深刻理解保护北京文明古都的重大历史使命。同时，进一步强化城市文化特色和历史文化遗产的应有地位，以突出北京老城的首都职能为重点，梳理保护过程中的主要矛盾，为积极保护创造条件。总之，面对北京老城整体保护的新形势，要有新的思路与对策。

北京老城的建设和发展，要反映出中华民族的悠久传统、灿烂文化和大国首都的独特风貌，以保护、继承、发扬北京历史文化名城为核心，创造代表新时代中华文明的新标志，这是一项十分严肃、义不容辞的时代任务。因此，需要从全局的角度研究北京老城内文化遗产的空间分布规律和整合关系，将孤立散存的文化遗产的点状和片状结构，变成更具保护意义的网状系统，充分发挥出文物建筑、文化遗址和历史街区对提升北京老城整体价值的重要作用，创新行政管理机制，从城市格局和宏观环境上探索"以保护促发展"的北京老城整体保护和发展战略思路。

最重要的是人

中华人民共和国成立以来，在保护与发展的道路上，北京进行了艰难的探索。在如何对待北京老城的问题上，很多有识之士选择了倾心呵护。他们殚精竭虑、呕心沥血，或著书立说，或实地考察并编制方案。他们的呼吁和努力，为今天保留下许多文化遗产和珍贵史料，也为我们留下了美好的记忆与便利的生活。

必要的"纷争"

在确定北京为中华人民共和国的首都之后，城市定位为"以政治、文化、科技、教育为主，以轻工业和手工业为辅的城市"。当时关于北京城市建设的总布局是：中共中央和中央人民政府设在老城里，老城区还包括大部分居民区，并均布幼儿园和小学、中学及服务行业；国家各部委和北京市各职能局，以及各民主党派等大机关分布在城外近郊区；近郊区的居民区内，分设幼儿园和中小学校，以及商业等服务业；风景游览区、文教区、工业区，以及菜蔬和花卉生产基地也都设置于郊区。道路建设，按照放射路与环路，以及联络线设定，形成道路网络系统。

如果此后的历史按照这样的规划定位，北京的老城会得到顺理成章的保留，与此同时建设一个新的北京城。但是，这样理性的规划定位很快有所改变。后人的解释是，中华人民共和国成立之初，在为工农业生产服务、为首都城市发展服务的政策理念引领下，为把北京从"消费城市"变成"生产城市"，需要进行不懈努力。当时中国百废待兴，缺乏管理和建设城市的资金。如果让它在一片郊区的荒地上建造一个行政区，没有足够的财政资源。另外，利用当时的北京老城，是因为要面对老城存在的失业和城市垃圾等问题。

当时不仅召集了一些著名的中国专家学者参加规划研究，还特邀了苏联专家小组来京协助研究北京的城市规划建设问题。在首都行政中心位置的问题上，苏联专家认为，以苏联设计和建设城市的经验，证明了住宅和行政房屋不能超出现代城市价值的50%至60%，而40%至50%的价值是文化与生活用房（包括商店、食堂、学校、医院、电影院、剧院、浴池等）和技术设施（自来水、下水道、电气和电话网、道路、便道、桥梁、河湖、公园、树林等）。拆毁旧房屋包括居民迁移费，其价值不超过 25% 至 30%。

因此，苏联专家认为，鉴于在老城内已经有文化与生活必需的建筑和技术设施，若行政中心设在新市区，则要新建这类设施。因此，在老城区虽有居民拆迁、增加投资的一面，又有节省文化、生活用房和技术投资的一面，两相抵消，还是在旧城建房便宜。有的苏联专家还认为，北京是一座美丽的城市，有美丽的故宫、大学、公园、河湖、笔直的大道和若干其他宝贵的建设，已经建立了并装饰了几百年的首都，完全没有弃掉的必要。如果再建设良好的行政房屋来装饰北京的广场和街道，可增强首都的重要性。

1950 年，为确定北京未来的城市布局，开展了行政中心位置确定的研究和探讨。一方面以苏联专家阿布拉莫夫、巴兰尼可夫和华南圭，以及朱兆雪、赵冬日等中国专家为代表，建议将行政中心放在老城内，认为北京老城是我国千年保存下来的财富和艺术宝藏，它具有无比雄壮美丽的规模与近代文明设施，具备作为中华人民共和国首都的条件，自然应以此建设首都中心。这是合理而又经济的打算。这样可保存并发挥中华民族特有的文物的价值，是顺应自然发展趋势的。

另一方面，以梁思成、陈占祥为代表的专家建议在老城外建设首都行政中心区，认为北京的整个形制既是历史上可贵的孤例，又是一个艺术上的杰作。老城内的许多建筑又是建筑史、艺术史上的至宝。整个故宫自不必说，其他许多文物建筑也是富有历史意义的艺术品。北京老城是一个保留着中国古代规划，具有都市计划传统的完整艺术

从城墙望中华门（20 世纪 20 年代）

实物。我们在北京城里绝不应以体形不同的新建筑来损害这优美的北京城。

梁思成先生认为，北京城规划发展的核心问题是行政中心区的位置问题。这一问题关系到北京市今后的发展方向、规划原则、行政中心区位置的确定，也同时决定了北京的老城改造政策。我们的新建筑因为生活的需要和材料技术与古代不同，其形体必然与古建筑极为不同。它们在城中沿街或围绕着天安门广场建造起来，北京就立刻失去了原有的风格，而成为欧洲现在正在避免和力求纠正的街型。无论它们本身如何壮美，必因与环境中的文物建筑不调和而成为凌乱的局面，损害了文物建筑原有的整肃。我们承袭了祖先留下的这一笔古今中外独一无二的遗产，维护它的责任是我们这一代人所绝不能推诿的。梁思成先生主张把首都的行政中心区放在月坛至公主坟之间的地段。其理由：

一是旧城布局系统完整，难以插入庞大的工作中心区。北京城之所以著名，就是因为它是有计划建设起来的壮美城市，而且到现在仍然还很完整地保存着。除却历史价值，城市的建筑形体同街道的秩序，都有极大的艺术价值，非常完美。所以，北京旧城区是保留着中国古代规制、具有都市计划传统的完整艺术实物。这个特征在世界上是罕贵无比的。今后，我们则应自觉地承担责任，有原则地保护它，永远为人民保护这有历史艺术价值的文物环境。

二是用地不允许。城区人口密度平均每平方千米有约 2.14 万人，行政中心在城区安排，势必要大量拆迁。初步估计要拆除 13 万间房，迁出 18.2 万人。这样做不仅增加城市的投资，破坏了城市原有环境，而且工作人员只能住在城区，若是远距离进城上班，则会增加交通的复杂性。从历史上看，辽、金、元每次迁移、发展的过程，都随着发展需要另辟更广阔的新址。明代把内城南移，增筑外城，也是如此。

在西郊建设政府中心则可避免上述困难与缺点，做到新旧两全。新区可以有足够的发展余地，可以不与其他区域混杂，建筑可以做到新材料与本土材料相结合，既表现民族传统特征，又表现时代精神，创造中国特有的中轴明显、庄严、整肃，并有利于合理布置住宅和组织交通。老城则可以不勉强加杂不适宜的建筑，使之成为博物馆及纪念性文物区；旧苑、坛庙改为公园休息区和大广场。

1952 年 2 月，梁思成先生与著名建筑学家陈占祥先生一起提交了《关于中央人民政府行政中心位置的建议》，即著名的"梁陈方案"。按此方案，新的行政区设在月坛和公主坟之间，北至动物园，南至莲花池。这一计划根据现代城市规划的基本理论，同时汲取了欧洲大城市蔓延滋长，形成庞大组合的教训。它不仅符合按功能分区的城市部署原则，而且更有利于保护规划严整壮美的文化古都。

双方虽然对北京老城的改造、保护存在不同意见，但是都充分肯定了北京老城的历史价值和极高的艺术美学价值。最终在 1953 年，北京市委明确"必须以全市的中心地区作为中央首脑机关的所在地"，确定了以北京老城为中心，逐步扩建首都的方针。

在"梁陈方案"被否定之后，由于没有统一的行政中心区规划安排，即在一些当时的公房、王府和保存最好的四合院内安排各级行政办公机构。大量行政办公的职能进入北京老城，大量新建筑的出现，带来了对北京老城的破坏。此后，随着各项事业的发展，行政办公用房严重不足，各单位或原地拆房扩建，造成文物的大量拆除；或另行选址建设，形成了分散的布局。目前行政办公机构广泛分布在北京老城内外的各个区域，与居住、商业、金融商贸设施混杂，造成功能相互干扰和影响，不利于行政职能的有效发挥。

1958 年在"新北京"的建设议题下，北京市确定了老城改建的重要任务，要求加快老城改建的步伐，提出"10 年左右可以完成城区改建"的想法。因此明确了要对北京老城进行"根本性的改造""坚决打破老城市对我们的限制和束缚"。1966 年"文化大革命"

开始后，北京城市总体规划被国家建委暂停。1968 年至 1972 年，在无规划指导状态下进行的城市建设对北京老城造成了极大伤害，诸多文物古迹及周遭环境遭到破坏。

发展如时光不能停

1950 年以来，北京市先后 8 次组织编制城市总体规划。从历版城市总体规划的编制情况来看，一方面是以控制城市规模为主，但是由于城市规划并没有限制经济规模和人口规模的快速扩张，城市规划布局不断被突破，整体上呈现出以沿环线向外辐射的"摊大饼"式的空间扩展模式；另一方面，随着对历史文化名城的保护认识不断提升，保护对象逐步扩大，保护手段日趋多元，探索实践不断深入。

1982 年 2 月 8 日，国务院公布了首批 24 个全国历史文化名城，北京名列之首，通过总结中华人民共和国成立以后的城市建设和确定北京历史文化名城的地位，在扭转了对北京老城进行根本性改造的思路后，开始启动《北京城市建设总体规划方案》的修编。同时，北京市开展了一系列历史文化名城保护工作，北京老城整体保护的原则不断发展，认识不断提高，包括制定文物保护单位保护范围和建设控制地带、调整北京老城高度控制要求、提出保护景观走廊和传统风貌街区等具体工作，并于 1990 年公布了北京 25 片历史文化保护区名单。

在这样的工作基础上，为适应首都高速发展的形式，持续开展《北京城市总体规划》的修订工作，同时把北京历史文化名城保护规划列为城市总体规划的重点课题。特别是自《北京城市总体规划（1991年—2010年）》以来的3次城市总体规划在编制时，一直坚持历史文化名城，特别是北京老城的整体保护理念，并不断完善和深化。

第一次是《北京城市总体规划（1991年—2010年）》，这版总体规划第一次提出"注意整体保护"，对保留、继承和发扬文化古都风貌提出了更高的要求，明确提出要保护古建筑本身和周围环境，同时要从整体上保护和发展北京特色。由于意识到了北京老城改造的难度，也在这版城市总体规划中将加快老城改建改变为对老城逐步改建，形成了"保护、改建、创新"的北京老城发展新的思路。

《北京城市总体规划（1991年—2010年）》中首次比较系统地提出历史文化名城保护的范围和内容，明确了历史文化名城保护的3个层次，提出了实施整体保护的10项要求，即要从整体上考虑历史文化名城的保护，尤其要从城市格局和宏观环境上保护历史文化名城：①保护和发展传统城市中轴线；②注意保持明、清北京城"凸"字形城廓平面；③保护与北京城市沿革密切相关的河湖水系；④基本保持原有的棋盘式道路网骨架和街巷、胡同格局；⑤注意吸取传统民居和城市色彩的特点；⑥以故宫、皇城为中心，分层次控制建筑高度；⑦保护城市重要景观线；⑧保护街道对景；⑨增辟城市广场；⑩保护古树名木，增加绿地，发扬古城以绿树衬托建筑和城市的传统特色。

其中，"注意保持明、清北京城'凸'字形城廓平面"中"凸"字形城廓，即明清北京城内、外城城墙的整体轮廓，也是现今北京二环路所在之处，这一轮廓是北京老城传统空间格局的重要形态特征。北京老城的"凸"字形城廓是在元大都城址的基础上，历经近200年的城市建设，经过3次大型的城廓改造工程，在16世纪中叶最终形成的。第一次城廓的改造是明洪武年间大都被攻陷后进行的，将大都的北城墙向南侧移了近1500米，形成了今天"凸"字形城廓的北边界。而后于明永乐年间随着迁都北京，进行了第二次城廓改造，将大都的南城墙向南移了800米左右，奠定了当今内城的城廓格局。后于明嘉靖年间通过增筑外城，最终形成了"内九外七皇四"的"凸"字形城廓平面。

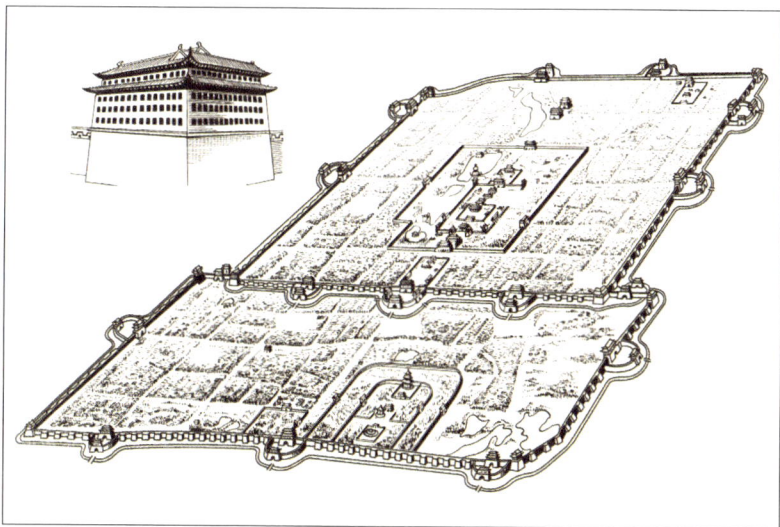

明北京城格局示意图

其中，"保护与北京城市沿革密切相关的河湖水系"，主要是对以"六海""八水"为代表的北京老城历史水系整体格局的概括。其中，"六海"包括北海、中海、南海、前海、后海、西海；"八水"包括通惠河（含玉河）、北护城河、南护城河、筒子河、金水河、前三门护城河、长河、莲花河。目前"六海"均为全国重点文物保护单位，中海及南海为一项文物保护单位；北海单独为一项；前海、后海、西海为什刹海全国重点文物保护单位。"八水"中目前通惠河中玉河故道已纳入大运河世界文化遗产，为全国重点文物保护单位，其余历史水系未列入文物保护名录。

其中，"以故宫、皇城为中心，分层次控制建筑高度"，强调加强中心城区建筑高度的整体控制，以城市景观眺望系统强化建筑高度控制，严格控制老城内重要景观视廊涉及的房屋建筑高度。以传统空间秩序为基础，优化城市天际线的塑造，保护老城平缓开阔的天际线，加强中心城区景观背景区域的高度控制。

进入 20 世纪 90 年代，北京的城市建设以每年 1000 多万平方米的规模展开，首都经济社会发展出现了新的形势，同时也遇到了不少新的问题，这些新变化和新问题迫切需要通过对城市总体规划的修订和完善来加以解决。为此，历时两年多完成了《北京城市总体规划（1991 年—2010 年）》修订草案和 70 多项专业规划。1993 年 10月，国务院在对《北京城市总体规划》的批复中明确指出，北京是著名的古都和历史文化名城，城市规划建设和发展，必须保护古都的历史文化传统和整体格局，体现民族传统、地方特色、时代精神的有机结合，努力提高规划设计水平，塑造伟大祖国首都的美好形象。

修订后的《北京城市总体规划（1991 年—2010 年）》具有几个方面的突出特点。一是城市性质上坚持北京是全国的政治中心、文化中心，同时首次提出了建设现代化国际城市的目标。二是进一步明确了城市性质与发展经济的关系，提出大力发展高新技术和第三产业。三是调整城市规模、结构和布局，提出城市建设重点要在城市布局上实行两个战略转移，即城市建设重点要逐步从市区向远郊区转移，市区建设从外延扩展向调整改造转移。四是丰富了历史文化名城保护规划的原则和基本内容。五是把加速城市基础设施现代化建设放在了突出位置。

在《北京城市总体规划（1991 年—2010 年）》中的"北京历史文化名城专题规划"中，明确提出了保护和发展传统城市中轴线的四个要点。一是今后要妥善保护这段中轴线的环境，控制轴线两侧的建筑高度和体量，保持中轴两侧开阔空间。二是要恢复正阳门城楼和箭楼之间的瓮城，从前门至珠市口拟保持传统商业街的面貌，珠市口至永定门拟突出天坛、先农坛分列两侧的传统格局，保留足够的绿化。三是北中轴北端是市区规划中轴线的终端，位置十分重要，拟采取"实轴"手法，安排体量较大的公共建筑，并采用整齐对称的传统建筑布局形式，体现出 21 世纪首都的新风貌。四是景山南望故宫，是显示古都天际轮廓的重要景观线，其南侧不宜兴建高层和超高层建筑；在北部、东北部和东部的三环路外，可选择合适地点安排较高的建筑，建筑周围应保留大片绿地和广场，应有开阔的视野和

太和殿（周高亮摄）

良好的环境。研究北京城市建筑的高度时，涉及很多较复杂的影响因素，例如，航线的飞行安全问题、微波通信的遮挡问题、城市通风走廊与大气环境问题、城市减灾与建筑抗震、城市规划和建筑设计规范问题等。

进入 21 世纪，北京老城保护进一步加强。2002 年，北京市政府发布了《北京历史文化名城保护规划》《北京皇城保护规划》和《北京旧城 25 片历史文化保护区保护规划》。北京市政府于 2004 年 1 月向联合国教科文组织世界遗产中心做出"整体保护北京旧城"的郑重承诺，同年首都规划建设委员会通过了故宫的世界文化遗产缓冲区。2005 年，北京市人大通过了《北京历史文化名城保护条例》；2021 年，该条例修订后重新发布。

第二次是《北京城市总体规划（2004年—2020年）》，规划针对北京老城整体保护提出，"应进一步加强旧城的整体保护，制定旧城保护规划，加强旧城城市设计，重点保护旧城的空间格局与风貌"。旧城整体保护包括以下10个层面的内容：①保护明清北京城中轴线；②保护明清北京城"凸"字形城廓；③整体保护皇城；④保护历史河湖水系；⑤保护旧城原有的棋盘式道路网骨架和街巷、胡同格局；⑥保护北京特有的"胡同－四合院"传统的建筑形态；⑦分区域严格控制建筑高度，保持旧城平缓开阔的空间形态；⑧保护重要景观线和街道对景；⑨保护旧城传统建筑色彩和形态特征；⑩保护古树名木及大树。特别强调"整体保护皇城"和"保护北京特有的'胡同－四合院'传统的建筑形态"。

　　经历长期的保护与发展的争论之后，2005年1月正式发布的《北京城市总体规划（2004年—2020年）》终于明确提出"旧城整体保护"的基本原则，此后逐步建立起相应的保护规划体系与政策法规制度。至2017年9月正式发布的《北京城市总体规划（2016年—2035年）》，继续坚持"加强老城整体保护"的态度，并在保护内容、保护力度、风貌控制等方面提出明确且严格的要求。可实际上，在这12年间，"对旧城的拆除活动并未停止"。2005年至2013年，北京老城内建设规模增长近1/3，给历史风貌带来严重冲击，且增长需求持续强烈。

　　2005年至2013年，在北京老城，一是出现了一些高端住区，用地规模普遍较大，并施行门禁式封闭管理，客观上加剧了与周边地区的隔离。二是大量更新项目转变为商务金融办公功能，此类项目主要集中在西二环的金融街、东二环的总部经济区，以及宣武门、崇文门外的商务区。其中一些新增办公建筑为大型国家企事业单位总部，逐渐在空间产生了聚集，这些大型建筑群平均容积率较高，且拥有北京老城中最高的建筑群，甚至超过百米。由于建筑与道路尺度的增大，对老城传统肌理造成了严重破坏。三是大量出现的商业功能建筑，这类项目大多分布于老城内的主要交通节点，较多是集购物中心、酒店、公寓等多功能于一身的商业综合体，建筑风格大多是大型现代商业综合体的通常面貌，对老城风貌缺乏关照。

第三次是《北京城市总体规划（2016年—2035年）》，规划进一步提出"坚持（老城）整体保护十重点"：①保护传统中轴线；②保

眺望北京中轴线

护明清北京城"凸"字形城廓；③整体保护明清皇城；④恢复历史河湖水系；⑤保护老城原有棋盘式道路网骨架和街巷胡同格局，保护传统地名；⑥保护北京特有的胡同－四合院传统建筑形态，老城内不再拆除胡同四合院；⑦分区域严格控制建筑高度，保持老城平缓开阔的空间形态；⑧保护重要景观线和街道对景；⑨保护老城传统建筑色彩和形态特征；⑩保护古树名木及大树。特别强调"老城内不再拆除胡同四合院"。

其中"保护老城原有棋盘式道路网骨架和街巷胡同格局"，是指保护并逐步恢复老城传统的街巷空间尺度，老城内不再拓宽道路红线。对于现状红线宽度过宽的道路，通过调整道路断面、摆放城市家具、种植高大乔木等方式优化步行空间尺度，恢复老城传统的街巷空

东四胡同（周高亮摄）

间感受。同时将历史街巷、胡同以及部分文化景观道路划定为永不拓宽道路，加强两侧有风貌价值的建筑界面保护，以严格保护老城传统的空间格局和风貌特征。通过改善胡同风貌，塑造有绿荫处、有鸟鸣声、有老北京味的清净、绿树掩映、友好、舒适的胡同空间。

同时，《北京城市总体规划（2016年—2035年）》还确定保护和发展13片文化精华区，包括：什刹海—南锣鼓巷文化精华区、雍和宫—国子监文化精华区、张自忠路北—新太仓文化精华区、张自忠路南—东四三至八条文化精华区、东四南文化精华区、白塔寺—西四文化精华区、皇城文化精华区、天安门广场文化精华区、东交民巷文化精华区、南闹市口文化精华区、琉璃厂—大栅栏—前门东文化精华区、宣西—法源寺文化精华区、天坛—先农坛文化精华区。

在首都功能核心区规划实施要点方面，《北京城市总体规划（2016年—2035年）》确定了11条文化探访路，包括中轴线文化探访路、皇城地区文化探访路、北锣鼓巷及国子监地区文化探访路、南锣鼓巷及东四地区文化探访路、王府井地区文化探访路、东交民巷地区文化探访路、天坛地区文化探访路、什刹海地区文化探访路、白塔寺与西四地区文化探访路、大栅栏及琉璃厂地区文化探访路、南城会馆及法源寺地区文化探访路。

同时，通过公布保护名录、编制保护规划、开展保护区划等相关工作，北京老城范围受到保护管理的用地规模不断扩大，初步估算涉及34.3平方千米，占北京老城总面积的54.9%。至此，北京老城整体保护的具体内容，包括10个重点方面和10类保护对象。

10 个重点方面包括：最长最伟大的城市传统中轴线；等级分明的四重城廓；气势恢宏的明清宫城及辅助皇城；宛若天成且功能完备的城市用水系统；符合现代城市功能的历史街巷胡同系统；以"四合院"为代表的具有突出地域和文化特征的传统建筑形态；起伏有致、平缓开阔的整体空间形态；以视廊和对景组织形成的层次丰富的城市轮廓；主次分明的传统建筑色彩和形态特征；以大树和庭院绿化为基底的绿色空间。

10 类保护对象包括：世界遗产；国家级、市级、区级三级文物保护单位和不可移动文物（又称普查登记在册文物）；地下文物埋藏区；历史建筑（含优秀近现代建筑、挂牌保护院落）和工业遗产；历史文化街区和特色地区；历史街巷、胡同及传统地名；历史河湖水系和水文化遗产；城址遗存；历史名园与古树名木；非物质文化遗产。

在历版《北京城市总体规划》的实施过程中，北京老城各项保护工作稳步推进，取得了一定成效。截至 2017 年底，北京老城共有 3 项世界文化遗产（故宫、天坛、大运河），2 项世界非物质遗产（昆曲、京剧），3 项世界记忆遗产（清代内阁秘本档、清代科举大金榜、"样式雷"建筑图档）；321 项三级文物保护单位，360 项普查登记在册文物；地下文物埋藏区 3 片，地下文物重点监测区 1 片；已公布 34 项优秀近现代建筑，658 处挂牌保护院落，进入历史建筑备选名录 1892 处，工业遗产备选名录 10 处；已公布 3 片国家级历史文化街区和 33 片市级历史文化街区；6 片风貌协调区；6159 棵古树名木。

北京老城整体保护以 2050 年为远景目标，既包括物质空间的改造与建设，也包含社会管理、文化繁荣等方面。近期发展目标，即 2018 年至 2022 年，严格落实"老城不能再拆"的要求，建筑与人口总量不再增加，重点地区和公共空间环境整治取得初步成效，城市管理水平明显提升。中期发展目标，即 2023 年至 2035 年，传统城市中轴线申报世界遗产成功，重点文物腾退修缮及合理利用形成整体示范，传统院落实现长效有机更新，全社会协商共治的城市治理机制深入实践，老城发展进入良性循环轨道。远期发展目标，即 2036 年至 2050 年，实现规划定位，在城市管理和宜居水平方面成为世界榜样，老城整体保护水平达到世界遗产高度。

《北京城市总体规划（2016 年—2035 年）》指出，要推进实施老城重组，优化调整行政区划，强化政治活动、文化交流、国际交往和科技创新等服务功能。这份引领北京 20 年发展的总体规划中，使用多年的"旧城"一词被"老城"所取代。"老城"比"旧城"更具有历史感，体现出对城市历史积淀的尊重。吴良镛教授曾多次呼吁："我们放眼世界，首先要认识到把北京历史文化名城保护好、整治好、发展好，是最有现实意义的，是中国最大的甚至是无与伦比的'中华文化枢纽工程'。这项工程不是旧有历史建筑的恢复，而是环境的再设计。"

以往一说"旧城"，就想起大规模"旧城改造"。用"老城"替代"旧城"，反映了首都在城市规划理念、发展战略和发展模式上的转变，让老城肩负起北京历史文化保护与发展的职责和使命。近年来，伴随北京"疏解整治促提升"专项行动集中开展，大规模治理违法建设和整治背街小巷，就是为了恢复北京老城风貌，促进老城功能和环境提升。实际上，推动"老城重组"的战略意义，还在于与城市副中心、雄安新区共同形成"一体两翼"的首都空间布局，使北京老城更加注重城市功能优化与空间重构。

《北京城市总体规划（2016 年—2035 年）》不仅从"旧城"到"老城"用词的改变反映出更积极的态度，在具体的保护与管控策略上也呈现出更积极的进展。一是这一版总规对保护的内容、范围、强度均提出更明确而严格的要求，如"严守整体保护要求""老城内不再拆除胡同四合院""扩大保护对象""完善保护体系"等。二是提出一系列基于历史保护与展示的具体整治改善计划，包括"建设城墙遗址公园环、优化完善城墙旧址沿线绿地系统""推动传统平房区保护更新""实施胡同微空间改善计划""调整优化（王府井、西单、前门等）传统商业区""加强钟鼓楼、玉河、景山、天桥等（中轴线上）重点地区综合整治""对平屋顶现代建筑进行平改坡或屋顶绿化"等。三是对老城内建设提出更明确的管控要求，包括"严格控制建筑高度、体量、色彩与第五立面等各项要素"等。①

落实《北京城市总体规划（2016 年—2035 年）》中北京老城整体保护的思想，一方面需要强调对城市遗产与城市发展关系的认识，

---

① 孙诗萌，商谦，张悦 . 北京旧城肌理更新观察 2005—2016［J］. 建筑学报，2018（6）：23.

深刻认识城市遗产是城市不可再生的重要资源，而不是城市开发的土地存量资源，将城市遗产的保护真正纳入城市发展体系中，力求实现城市遗产的保护与城市发展的平衡。另一方面，及时调整城市遗产保护的目标与方法，在保护北京老城历史风貌的同时，注重挖掘与认识城市遗产的价值，以保护和展现城市遗产的价值为目标，努力保护城市遗产所蕴含的真实的历史信息，并且使这些文化记忆在今天的城市生活中得以延续，借助遗产保护及遗产价值的发掘与展现来推动老城及历史街区的振兴。

这里所提老城不能再拆，是指对老城不能随意进行更新改造，但是并非一成不变，而是通过建立合理的公众参与和历史价值的评估、认定机制，在充分研究论证的基础上，对个别不具历史价值的、影响传统风貌的建筑以及违法建设，可以进行拆除重建或改建，用于老城公共服务设施、基础设施、公共安全设施和公共空间的补足。结合应急避难、消防安全等实际需要，可以打通断头路，疏通部分过于狭窄的胡同段落，改善地区交通出行。

北京老城保护的成败关键在于决策，决策的正确与否取决于对历史、对未来的态度。"老城不能再拆"发出了北京老城保护的时代强音，针对的是老城之内长期存在的"大拆大建"问题。这句话虽然简单，却说出了城市该有的情怀，也是留住城市"根"和"魂"的关键所在，也是北京老城规划发展的底线。但是，并不是喊出口号就可以万事大吉，还有很多问题需要解决，必须全面叫停老城内的所有成片改造拆迁项目，进行清理、筛查、及时撤销、转项，确保老城平安无失。同时落实"老城不能再拆",必须以居民为中心,以财产权保护为核心,对导致老城衰败的公共政策进行必要的调整。

要严格落实新一版北京城市总体规划,抓紧编制老城整体保护规划和实施方案,加强城市设计和风貌管控,制定历史文化街区导则,把历史文化名城保护工作纳入城市体检,深入挖掘历史文化遗产的内涵和价值。坚决落实"老城不能再拆"的要求,科学划定历史文化街区,做好传统中轴线保护和申报世界遗产工作,保护好胡同、四合院、名人故居,让人们记得住乡愁,找回老北京记忆,讲述好"北京故事"。建立更加严格的保护机制,加大腾退力度,鼓励文物建筑对公众开放,不求所有,但求民用。统筹大运河文化带等建设,保护好历史建筑、古树名木、非物质文化遗产、老字号等文化资源。

平衡须维系

相对于文物建筑的保护,对于老城内胡同和四合院的保护,是一项起步较晚而措施滞后的复杂工作。"历史文化保护区"的概念形成于 1986 年。国务院在公布第二批国家历史文化名城的同时,首次提出"历史文化保护区"的概念,并要求地方政府根据具体情况,审定公布地方各级历史文化保护区。1997 年,历史文化保护区作为一个独立层次,正式列入我国的文化遗产保护制度,这也标志着我国历史文化名城、历史文化保护区、文物保护单位,三个层次的文物保护体系初步形成。

我早年在日本留学期间，曾从事历史地段，即"历史的传统建筑物群保护地区"的保护研究。1989年，我在北京市规划事业管理局城区处担任处长期间，考虑到在城市规划和建设过程中对历史文化街区保护不力，致使历史文化特色受到了不同程度的破坏。有的历史文化街区新建了一些与原有格局很不协调的建筑；有的对传统民居乱拆乱建；有的外装修不适当地采用大理石、铝合金、镜面玻璃等建筑材料，形式和色彩杂乱无章；有的历史文化街区内违章建筑以及商业摊点随意挤占道路、空地。这种状况继续发展下去，用不了多长时间，历史文化街区将不复存在。我认为，北京老城的历史感，并不仅仅体现在一条胡同、一座四合院，更体现于北京老城和谐统一的整体环境。而北京老城存在的突出问题，就是过去的整体之美，变成了当前的残缺之憾。这一缺陷需要通过长期坚持修复，扩大保护范围，加以弥补。而在未来的城市发展中，如何处理好发展与保护的关系，如何保护好胡同肌理，并以此留下乡愁记忆，对北京的城市发展和民生改善提出了更高的要求。因此建议设立北京历史文化保护区，采取措施加强胡同和四合院地区及传统建筑街区的保护、恢复和整治。

1990年，经过调查研究，我们提出了28片历史文化保护区的名单，其中包括南池子大街和北池子大街、南长街和北长街、景山前街、景山东街、景山后街、景山西街、东华门大街、西华门大街、陟山门街、国子监街、三海地区、南锣鼓巷四合院平房保护区、西四北头条至八条四合院平房保护区、地安门内大街、地安门外大街、琉璃厂东街、琉璃厂西街、大栅栏街、大栅栏西街、隆福寺街、天桥地区、牛街、五四大街、文津街、东交民巷、定阜街、地安门东大街、阜成门内大街，这些历史文化保护区全部位于北京历史城区。

北京市政府审查过程中，认为地安门外大街、大栅栏西街、隆福寺街、天桥地区、定阜街、地安门东大街等历史文化街区保护与既定道路红线或城市建设存在矛盾，没有批准，同时将南池子大街和北池子大街、南长街和北长街分开列入，并根据市领导意见增加了颐和园东宫门前街道，形成了 25 片历史文化保护区名单。1990 年 11 月，北京市政府第 26 次常委会讨论批准了北京市第一批 25 片历史文化保护区，并登报公布。同时，由北京市规划局负责起草了《北京市历史文化保护区规划管理暂行规定》。

第一批历史文化保护区的公布，对北京历史街区和城市传统风貌的保护起到了积极的作用，各区政府也结合对古建筑的保护和利用，对如何继承北京优秀的历史文化传统，开展了大量的调研工作，积极配合北京市规划部门对第一批历史文化保护区的保护与管理进行探索，一些尝试采取有机更新方式实现保护整治目标的实践，为此后的历史街区保护更新留下了宝贵经验。

1999 年，北京市政府在批准北京 25 片历史文化保护区的保护与控制范围时，对保护项目有所调整，增加了东四三条至八条、鲜鱼口地区，不再保留牛街、颐和园东宫门前街道。北京旧城 25 片历史文化保护区中有 14 片分布在旧皇城内：南长街、北长街、西华门大街、南池子、北池子、东华门大街、景山东街、景山西街、景山后街、景山前街、地安门内大街、文津街、五四大街、陟山门街；有 7 片分布在旧皇城外的内城：西四北头条至八条、东四三条至八条、南锣鼓巷地区、什刹海地区、国子监地区、阜成门内大街、东交民巷；有 4 片分布在外城：大栅栏、东琉璃厂、西琉璃厂、鲜鱼口地区。

1999 年，在北京市政府批准实施《北京市区中心地区控制性详细规划》和《北京旧城历史文化保护区保护和控制范围规划》的基础上，北京市规划委员会开始组织编制《北京旧城 25 片历史文化保护区保护规划》，由北京市城市规划设计研究院确定总体要求并提供范本，中国城市规划设计研究院、清华大学等 12 家单位共同参与编制工作，规划编制的全过程邀请有关专家参与，并自始至终倡导公众参与。

通过编制历史文化保护区规划，尽量保留传统胡同四合院，是十分重要的转折，也是意义重大的目标，更是十分复杂和艰巨的任务。这项保护规划制定了统一的规划原则、标准和要求，对北京旧城 25 片历史文化保护区进行了详细的现状调查、评估分类和规划编制。数千张现状调查和规划图纸，记录着上万个四合院的保护状况和规划目标。

2000 年 11 月底，北京市规划委员会组织了北京旧城 25 片历史文化保护区保护规划方案专家评审会。会议邀请了吴良镛、周干峙、郑孝燮、罗哲文、李准、王景慧等 19 位著名专家、学者对 25 片历史文化保护区保护规划方案逐一进行了评审。与会专家们对这次保护规划的组织和编制工作给予了高度评价。专家们一致认为，这次规划工作根据北京旧城特点，借鉴国内外先进的理论与方法，是北京历史文化名城保护的重要里程碑，所制定的北京旧城 25 片历史文化保护区的统一标准和要求是合理和必要的，所提出的 5 项重要原则也都是正确的：保护整体风貌；保护历史真实性，保护历史遗存；循序渐进，逐步改善；积极改善基础设施，提高居民生活质量；公众参与。

吴良镛教授指出："北京旧城保护工作不仅永远不能算完结，而且大有可为。前些年，由于开发商介入危房改造，对北京古都风貌产生了较大破坏，目前这种局面正在得到扭转。北京 25 片历史文化保护区保护规划非常具有创造性，以院落为单位进行有机更新，保护城市肌理等已成为共识。历史街区要有场所精神，要有活力，要强调动态保护与有机更新。该保护规划扩大了城市设计的内容，成为旧城保护和城市发展的重要方面。"刘小石先生认为："《北京旧城 25 片历史文化区保护规划》，这是一个组织多方面专业人员、经过认真调查研究编制的高水平的成果，对于严格控制这些地区的建设活动，保护北京的传统四合院街区，保护历史文化名城，具有重大的意义。"

专家们对保护规划实施也提出建议，如应制定房屋管理修缮政策，以鼓励产权单位或居民按照保护要求自行修缮房屋，合理使用旧建筑，达到解危的目的。同时，专家们提出北京历史文化名城保护工作不应只停留在目前的 25 片，要继续提出第二批历史文化保护区名单和保护范围。

经过公众参与、两轮规划方案预审及专家审议，2001年5月《北京旧城25片历史文化保护区保护规划》通过首都规划建设委员会全体会议审议，2002年2月获得北京市政府正式批复公布执行。北京旧城25片历史文化保护区总占地面积为10.38平方千米，约占旧城总用地的17%。其中重点保护区占地面积6.49平方千米，建设控制区占地面积3.89平方千米。加上已由北京市政府批准的旧城内200多项各级文物保护单位的保护范围及其建设控制地带，保护与控制地区总用地面积达23.83平方千米，约占北京旧城总用地面积的38%。

《北京旧城25片历史文化保护区保护规划》针对重点保护区和建设控制区分别制定了不同的保护原则。重点保护区的保护规划原则：一是要根据其性质与特点，保护该街区的整体风貌；二是要保护街区的历史真实性，保存历史遗存和原貌，历史遗存包括文物建筑、传统四合院和其他有价值的历史建筑及建筑构件；三是其建设要采取"微循环式"的改造模式，循序渐进、逐步改善；四是要积极改善环境质量及基础设施条件，提高居民生活质量；五是保护工作要积极鼓励公众参与。建设控制区的整治与控制原则：一是新建或改建的建筑，要与重点保护区的整体风貌相协调，或不对重点保护区的环境及视觉景观产生不利影响；二是进行新的建设时，要严格控制各地块的用地性质、建筑高度、体量、建筑形式和色彩、容积率、绿地率等；三是进行新的建设时，要避免简单生硬地大拆大建，注意历史文脉的延续性；四是要注意保存和保护有价值的历史建筑、传统的街巷、胡同肌理和古树名木。

《北京旧城 25 片历史文化保护区保护规划》强调必须以"院落"为基本单位进行保护与更新，危房的改造和更新不得破坏原有院落布局和胡同肌理。保护规划对保护区内的建筑保护和更新分为六类进行规划管理：文物类建筑、保护类建筑、改善类建筑、保留类建筑、更新类建筑、整饰类建筑。保护规划对保护区内的用地性质变更、人口疏解、道路调整、市政设施改善、环境绿化保护等方面提出了具体的原则、对策和措施，这些是必须遵照执行的。

《北京旧城 25 片历史文化保护区保护规划》通过历史研究及大量实地调研，突出了小规模整治更新的思路。规划对街巷格局、建筑高度以及文物古迹的环境控制提出了相应的控制要求，明确了保护的对象与范围，并制定了相关的修缮标准、图集、导则、规定、规范等文件，还对保护规划实施情况进行评估，深入到了每个院落单位，针对每栋建筑做出评价并指出保护更新的措施，同时强调了人口疏散和居民参与的原则。传统民居院落体系构成邻里居住形态，成为社区文化的载体，社区的空间形态也随着传统民居院落体系的变迁而发生演变。

《北京旧城 25 片历史文化保护区保护规划》编制至今已经过去了 20 年，非常欣慰的是，当时确定的一些原则仍然适用于今天历史街区的保护和发展，这也受益于当时编制单位深入的调查和前瞻性思考。2002 年公布的修订的《中华人民共和国文物保护法》进一步明确了"历史文化街区"的概念，此后，"历史文化街区"作为一个独立层次，正式列入我国的历史文化遗产保护制度，也标志着我国形成了覆盖宏观、中观和微观三个层次的文化遗产保护体系，"历史文化街区"成为我国历史文化名城保护体系中观层面的核心概念，成为我国文物保护体系中具有法律效力的保护内容，也标志着我国历史文化名城保护体系的真正建立。

2002 年，北京市在第一批 25 片历史文化保护区基础上确定北京第二批历史文化保护区名单。在旧城内继续补充历史风貌较完整、历史遗存较集中和对旧城整体保护有较大影响的街区进行保护；在旧城外确定一批文物古迹比较集中、能较完整地体现一定历史时期传统风貌和地方特色的街区或村镇，使其得到有效保护。

在 2005 年《北京城市总体规划》修编时，又确立了第三批历史文化保护区。至此，北京市公布的历史文化保护区的数量达到 43 片。其中分布在旧城内的有 33 片，占旧城总面积的 33%。同时，北京旧城内现有挂牌保护院落 658 处，名人故居 170 处，优秀近现代建筑 34 处，胡同 1320 条。这些历史文化遗产很多分布在 33 片历史文化保护区内。因此，北京旧城历史文化保护区、文物保护单位保护范围及其建设控制地带的总面积为 26.17 平方千米，约占旧城总面积的 42%。

历史文化保护区是城市文化遗产的重要组成部分，是一个地区、一座城市悠久历史和灿烂文明的有力见证。通过对北京老城内历史文化街区的历史风貌、建筑特色、人文环境等进行综合分析，可以把这些历史文化保护区划分为皇城保护街区、传统商业保护街区、传统胡同住宅保护街区、近代建筑保护街区、寺庙建筑保护街区、风景名胜综合保护街区几种类型。有效保护好北京的历史文化保护区，就是给北京留下一座丰富的传统文化宝库。

对于历史文化街区而言，应从注重保护街区历史风貌，向注重保护街区城市遗产的价值转变。北京老城内连绵成片的四合院、胡同等传统建筑，作为北京老城延续历史的传统文化载体，所揭示的历史文化内涵，往往是历史文献所不能表达的。特别是在北京历史发展中有着重要贡献的诸多重要人物，如郭守敬、文天祥、于谦、袁崇焕、纪晓岚、康有为、鲁迅、老舍等重要人物的生活与活动，以及发生的重大历史事件，都可以在保留至今的四合院、胡同中加以解读。

2016 年国务院《关于进一步加强城市规划建设管理工作的若干意见》指出："用 5 年左右时间，完成所有城市历史文化街区划定和历史建筑确定工作。"这对于北京历史文化街区保护来说，是不可失去的难得机遇。应该在保护好已经公布的历史文化保护区的基础上，扩大保护范围。在 2016 年的全国政协十二届四次会议上，我提交了《关于增加北京历史文化保护区的提案》，建议通过加强深入研究，增加北京历史文化保护区的保护范围，将北京 62.5 平方千米历史城区内尚存整体保护价值的历史街区，全部公布为历史文化保护区。

作为历史性城市保存最完整、最丰富的地区，历史文化保护区还是促进城市经济社会发展、提高居民生活质量的重要资源。历史文化保护区既是城市文明的成果，又是居民日常生活的家园，唯有保留下来具有地域特色的传统建筑，才能使城市的历史绵延不绝；也唯有改善传统民居的居住条件，才能满足居民现代生活的需要。

北京的历史文化保护区保护在相关法律法规的保障下，虽然取得了一定成绩，但是还不能很好地适应北京历史文化名城整体保护的要求。虽然北京历史文化保护区保护规划对物质空间保护的规定比较详尽，但是缺乏对人文环境的研究内容。对历史人文特色的保护仅限于保护原则的制定，而缺乏对具体的人口、社会结构的分析，应增加对人口控制和引导、历史街区社会结构与更新模式，以及生活交往环境保护等方面的研究。

历史文化保护区除了是北京历史文化名城的有机组成部分，又是特殊类型的文化遗产，还是广大民众日常生活的场所，因此历史文化保护区的保护必然是一个动态的过程，不可能冻结在某一时段。英国建筑学家迪克斯认为，一个充满活力的街区总是既有新建筑又有旧建筑，而如果全部是某一个时期的建筑，只能说这个街区已经停止了生命。吴良镛教授也强调"要树立任何改建并不是最后的完成（也从没有最后的完成），它是处于持续的更新之中"的观念。

历史文化保护区承载着城市的记忆，是城市的文化标志。北京旧城第一批 25 片历史文化保护区的公布，是对胡同－四合院实施成片保护工作的开端，但是当时对于胡同－四合院的保护、使用、维修、管理等方面都缺少相应的管理机制和实施措施，致使北京老城内的胡同－四合院建筑保护，严重滞后于城市建设和"危旧房改造"工程。

1995 年，北京市文物局、清华大学建筑与城市研究所、东城区规划建设委员会在北京国子监历史文化保护区合作推行保护整治，确立了小规模、渐进式、社区参与的原则，对现状人口、现状用地、现状房屋产权结构进行调查，将其作为重要的规划设计因素，首次提出以院落为单位的调查、统计和规划管理方法，制定设计导则，规范自助式房屋修缮、更新活动，形成统规自建模式，致力于复兴老城固有的生长机制，延续社区生活，提高文化遗产保护水平与公共服务质量，取得了成功经验。

当时，我在撰文总结国子监地区整治经验时写过："经过数百年建设形成的历史地段，如果在短时间内实行全部彻底的更新改造是非常危险的，尤其在目前的经济和认识水平上，获得利润往往成为投资改造的首要目的，而保护传统风貌则时常变得软弱无力。所以，从全局和长远的观点来看，按照新陈代谢规律，力求潜移默化，逐步更新改造，避免急于求成，不失为保护整治的上策。这样做，可能进展速度慢一些，需要较长的整治时期。但是，只有这样有计划地、持续地维护、修缮与改造更新，才能不割断历史，有利于保护历史信息和文脉，才能不破坏现存平衡的社区结构，使历史地段的发展显示出有机生长的特征，避免新的千篇一律。"

2002 年，北京市有关部门在南池子历史文化保护区普度寺地段进行了试点。这项试点原来是计划按照《北京旧城 25 片历史文化保护区保护规划》实施，保存大部分传统四合院，达到既改善居民生活状况，又保护历史真实信息要素的目的。但是，在实际操作过程中，虽然保留了部分街道和胡同走向，但是按现代交通规范和消防要求加宽了街道和胡同尺寸，6 万平方米用地上的原有 3 万多平方米传统建筑，2.6万平方米被拆除，拆除比例达到80%，只保留了少量文物建筑和挂牌四合院，其余全部拆除，用于建造仿古楼房建筑，新建了二层居民回迁楼78幢，共2.1万平方米，同时仿古建筑放弃了原有四合院的格局。

南池子地段的改造一时成为激烈争论的话题，当时有多位院士和文物保护专家提出质疑，指出该项目并未保护历史真实性，改造模式也并未采取"微循环式"，违背了旧城历史文化保护区保护规划，这样的试点结果实际上演变成为对历史文化保护区的破坏，令人难以理解。为此，刘小石教授评价道："如果在一个局部的地段，费了很大的功夫，花了一大笔政府资金，还欠了一大笔债来造了这么一个'典型'，其价值只能是一个显示的'橱窗'而难以推广，不具有典型意义。如果予以肯定，并大力的推广，必然造成对历史文化名城的严重破坏。"[①]

一些专家和社会公众认为不应把商业性房地产开发行为引入历史文化保护区，特别是为了保证投资资金平衡，采取大拆大建的方式，使四合院保护区变成了仿古建筑住宅区。此项试点的失败，关键在于把一项需要循序渐进才能实现的规划目标，当作急于求成的建设工程，必然会对历史文化街区的真实性造成严重破坏。在历史文化保护区内采取渐进式有机更新的方法，比较具有弹性，能够做到尊重居民

---

① 刘小石. 保护四合院住宅街区是保护北京历史文化名城的当务之急［J］. 北京规划建设，2004（2）：101.

的愿望，保障居民的合法权益，避免采用行政的、强制的办法，损害居民的切身利益。

在 20 世纪 70—90 年代，中国曾是"自行车王国"。随着社会经济的不断发展，现代化的交通方式逐渐进入历史文化街区，致使外围交通干道拥堵，胡同内部人车混行。北京旧城历史文化区由城市主干路、次干路围合而成，这些城市道路除为历史文化街区提供对外交通服务外，还承担大量的过境交通，造成历史文化街区内部有限的胡同空间人车混杂，在相当程度上影响到历史文化街区的风貌保护。如何妥善处理改善居民生活条件和延续传统文脉和风貌的关系，是值得深入研究的问题。

慢慢地，北京胡同的宽度明显变得狭窄，胡同中随处可见"见缝插针"搭建的临时建筑，逐步挤占胡同两侧的公共空间，多数胡同已经面目全非，使得原本就不宽敞的胡同变得越来越狭窄。就是这样的道路系统联系着众多的四合院，形成了北京高密度、低容积率的特殊城市景观，居民生活空间逐渐缩小，居民的生活受到影响。因此，应该以适当的手段控制交通和整治街道，并创造高质量的公共使用空间。解决问题的办法有两个：一是保留老城街巷胡同原有格局，严格限制胡同中的穿行车辆；二是加大违章建筑的整治，把街巷胡同恢复到最合理的尺度。

在历史文化保护区市政设施规划方面，明确历史文化保护区内的市政设施和综合管线规划应以不破坏历史文化保护区的传统风貌、改善保护区内的市政设施和防灾设施条件为目标。历史文化保护区内的市政管线布置，应有效利用规划保留的胡同系统，不拘一格，综合考虑。因基础设施建设是老城的薄弱环节，且保护区内历史风貌的保护对市政设施的引入提出了特殊的要求，《北京旧城25片历史文化保护区保护规划》对历史文化保护区内改善市政基础设施条件的措施和方法进行了初步探讨。

涉及历史街区的项目，应按照"因地制宜、分类推进"的原则，采取保护、改善、修缮相结合的有机更新模式，实施平房院落的维修保护。对影响风貌、私搭乱建严重的院落进行整改，促进历史街区的风貌保护。同时，实施路灯更换、变配电设施建设及架空线入地、上下水改造、户厕公厕升级等市政设施项目，改善历史街区的市政条件。通过煤改清洁能源工程，使居民摆脱燃煤的采暖方式，并且可以

同时使用空调、微波炉、电暖气等大功率电器。

对于历史街区内的市政基础设施改造，应根据保护规划逐年逐片实施，为传统民居院落提供将外部市政设施接入院内的条件。历史街区内的市政基础设施应以不破坏传统风貌，改善保护区内的生活设施和防灾为目标。由于敷设雨水、污水、自来水、电力、电信、热力、天然气等各类市政设施常出现管线布设空间狭小、管线净距离不能满足常规设置标准等问题，需要根据实际情况和现实条件采用新材料、新技术和综合手段进行处理，如通过增加材料强度或更换新型材料、采取隔离和防护等工程技术措施，满足安全运行及安装、检修的要求。大量实践证明，在历史街区内引入各类市政基础设施、在传统街巷内安排各类综合市政管线在技术上是可行的。

第二篇

胡同的悲欢离合

沿胡同走来的城市

　　街道布局一向是城市规划的重点，也是构成城市整体空间布局的关键。在北京，与笔直的中轴线平行、垂直着的许多胡同，胡同将城区分割成无数方形，形成既统一又丰富的众多空间，呈现严整、平缓、有度的风格和内在风韵。同时，胡同体系在北京老城整体规划布局中，烘托着处于全城中心位置的金碧辉煌的宫殿建筑群，协调和联系着传统中轴线两侧及分布全城的纪念性建筑，是最具北京文化特色的城市景观。

胡同的记忆

北京老城拥有清晰的街巷肌理，其中运行公共交通的大街是城市的公共空间，两侧不行走公共汽车的胡同是城市的半公共空间，胡同两侧的四合院是半私有空间，而人们居住的房屋则是私有空间，这种

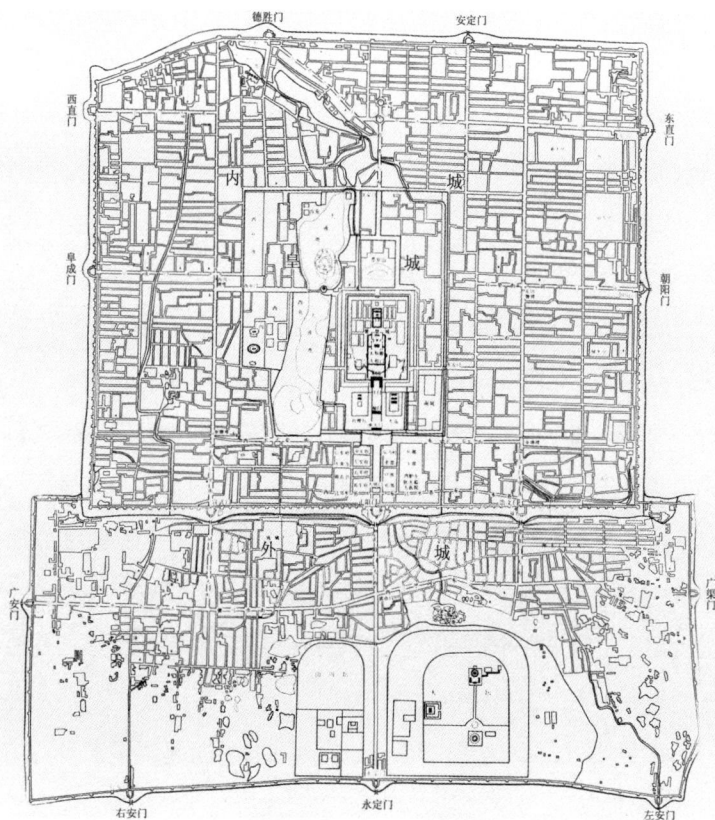

明北京城平面示意图

由街道、胡同、院落、房屋组成的空间序列，是北京老城的特色。保护好北京老城胡同体系和肌理，是保护好文化古都平缓开阔的整体空间格局的重要基础。因此，北京老城胡同不仅是北京人心中的永久记忆，而且已经成为北京文化的重要象征，成为全人类共同拥有的文化财富。

明崇祯初年，一位叫释新仁的僧人根据万历十七年（1589）的刊本重刻了一部叫《四声篇海》的辞书，其中收有"衚衕"一词，指出"衚衕，街也""上胡下同，今呼通街衚衕。今增"。对于"衚衕"这个称呼，释新仁特意标明"今增"，说明衚衕在当时还是新词。把衚与衕联系在一起，组合为一个词，后来被简化，写作胡同。胡同一词在蒙古语里是水井之意，是汉语对蒙古语的译音。生存离不开水，有聚落的地方必然有水井，围绕水井逐渐形成居住街巷。

胡同的概念不断延伸，发展为一种文化范畴，囊括了关于传统街巷的各种内涵：从物质到精神，从静态到动态，从历史到现实，从自然到人文等。如果把数千条胡同所涉及的历史文化内涵汇总起来，就能成为北京传统文化的百科全书，展现北京地域风情。在这里，不仅可以了解北京市民的生活，包括他们的生活方式、生活情趣和邻里关系，也可以看到历史的变迁、时代的风貌，感受浓郁的人文气息。正是因为胡同生活是各个历史阶段人们生活经验和智慧的积累，叠加在一起就极其丰富，极具特色。

学术界比较一致的看法是，北京老城的胡同起源于距今约800年的元大都时期，最早可以追溯到刘秉忠主持的元大都规划建设。一般而言，经过规划而发展起来的城市，其平面布局都比较规整，北京老城亦是如此。元大都的规划及其建造考虑了北京地区地形的特点，在街道规划上，元大都遵照"国中九经九纬，经涂九轨"的设计，形成了纵横交错各九条大街的格局。元世祖忽必烈将全城划分为50个"坊"，每个"坊"之间由主干道和次干道系统分隔，"坊"内有可供马车行驶的小路，即现在的胡同。

元大都全城由9条南北纵街和9条东西横街，以及在东西城垣上两城门之间等距离的胡同构成街道网络，这是从北宋汴梁城以来逐步发展形成的城市规划街道的定式，可以说是中国古代都城史上城市规划的最后经典之作。今天北京老城的街道布局仍然保存着元大都的痕迹，保留在今天已经现代化的城市之中，这是一个奇迹，说明元大都城市规划的街道布局是多么富有生命力。现在北京老城中保留的元大都街道的痕迹，不但在中国文化遗产中极其宝贵，也是世界文化遗产中极富历史文化科学价值且独一无二的孤例。

从元代开始，北京就是按照城市规划进行建设的。元大都主干道都与城门相通，主干道之间用东西向、平行、等距离的胡同划分成长方形，其间布置四合院民居。由于房屋建设是在规定城市主、次干道系统后进行的，因而，街巷边界与城市轮廓较清楚，房屋退线较有规律。元大都建成后，以"八亩一分"限定了居住用地，修建了院落，这些院落之间的通道即是今日胡同的前身，因此自古以来，胡同就是城市居民的聚居地。元代的街巷比较平直，四合院风格一致，尺度划一，对于研究北京地区的传统民居，特别是四合院民居具有重要意义。按照元大都建城时的初期设想，100 户人住在一条胡同里，那么每条胡同有 100 个四合院。但是，由于官僚和富户在实际建设过程不断扩张建设用地，所以，每条胡同中的四合院大体上是 80 个左右，也造成个别胡同弯曲而不平直。胡同的长度约 700 米，间隔约 70 米，宽度约 10 米的北京地区四合院包括一进院、两进院、三进院、四进院及复合院五种。正座四合院一般位于路北，大门朝南。位于路南、大门朝北的四合院称作倒座四合院。

历经元、明、清三朝的发展演变，胡同见证了中国封建社会王权制度从鼎盛到衰落的历史过程。虽然几经朝代变迁，但是作为整个社会根本制度的封建中央集权制度一直未变，城市管理制度也没有根本的变革。因此在这期间，胡同的空间特征也处于相对稳定的状态。如果将元代以来的北京城市地图细心加以比较，会发现从元代至清代，胡同的走向和尺度变化并不太大；随着朝代的变迁，胡同的数量不断增长，也增添了新的功能，但是居住功能一直是胡同两侧院落的首要功能。

曾几何时，北京胡同密如牛毛，细如蛛网。"有名胡同三百六，无名胡同如牛毛。"这是老北京引以为傲的一句话。胡同就如血管一样，遍布北京城。据《析津志》记载，元大都有"三百八十四火巷、二十九衖通"。明代，北京城胡同数量不断增加，围绕干道整齐排列。明嘉靖年间，根据张爵在《京师五城坊巷胡同集》的统计，北京共有 1170 条街巷胡同，几乎是元大都胡同的 16 倍。可见，明朝沿袭了元朝的街道建设风格，进一步增建胡同。到了清末，根据朱一新在《京

北京胡同俯瞰（1922）

师坊巷志稿》中记载，当时北京总计有 2211 条街巷胡同，较明朝几乎增加了一倍。

北京胡同大部分狭长、笔直、平坦，为了日照和抵御冬季凛冽的北风，北京胡同大多采取东西走向。原因是胡同的走向决定住宅朝向。东西走向的胡同，决定了四合院可以采取坐北朝南的布置。对于北京来说，坐北朝南的住宅易于采暖和通风。胡同两侧是一座座面向正南、背风向阳、呈封闭状的四合院院落，胡同和四合院在这里和谐地结合在一起。人类的居住要求安全、静谧，胡同则提供了这样的环境。如果说，北京四合院是中国传统民居的典型，那么胡同则是中国传统居住环境的代表。

以统一的理念和规范的设计为约束进行四合院民居建造，形成和而不同的胡同景观与空间秩序。胡同两侧基本是单层四合院建筑，临街建筑立面檐口高度一般在3米左右，胡同的宽度与建筑的高度比例为1：1至2：1。根据美学原理，当道路在空间尺度上宽度与高度比例为1：1至2：1时，道路的空间保持一种平衡状态，行人在道路一侧，视野可以覆盖对面建筑物的全部，因此产生适当的围合感。

北京老城的胡同必须在划定的保护范围内成片地加以保留，以最小的改动最大限度地保留胡同传统风貌。胡同不能过宽，不能丢掉历史风貌的尺度，否则将不能称为胡同。一个典型的例子就是平安大街改造工程。由于原来胡同的宽度只有12米左右，改造工程将胡同拓宽成为34米的城市道路，而在道路两侧建造了仿明清式建筑，多为一层或两层的平房，建筑高度与道路宽度不成比例，没有形成良好的城市景观。

雨儿胡同

长期以来，对于北京老城来说，既要保护历史文化资源，又要实现多功能的现代城市建设，这一对矛盾的应对不力引发了各类全局性问题。过去几十年间，北京老城的面貌发生了巨变，建筑形式和街道形态在时代、风格、尺度、规模等方面存在巨大差异。如今北京经过城市化快速发展，成为承载中国首都功能的世界级大都市。承载力超负荷，更多的是增量规划，造成产业、空间、人口之间的矛盾，患上了"大城市病"，致使这座城市的体魄不够健康。今天必须实施减量规划，通过"甩脂肪""增肌肉"的科学健身方法，实现"减脂增肌"，增强文明古都的"身体素质"，才能实现健康发展。

据北京地名志编纂委员会的统计：北京老城内在1949年有胡同3250条，数量达到历史高峰。随着城市建设的展开，胡同的数量在持续地减少，被无数钢筋混凝土建筑所取代。有关统计显示，1965年北京老城胡同的数量为2380条，1980年有胡同2290条，1990年尚存有胡同2257条。而到2003年，北京老城内的胡同已锐减到1571条，2011年胡同已经不足1000条。近50年的时间，北京老城内的胡同总量竟然减少了一半以上。据北京市测绘研究院统计结果显示，在北京老城62.5平方千米内现存的胡同、四合院等传统平房区，占地面积仅为15平方千米，约占北京老城总面积的24%。

四合院的记忆

四合院居住形式在中国已有 3000 多年的历史，根据考古学界的研究，在我国的夏朝晚期，已然出现了具有合院雏形的建筑。在河南偃师二里头保存着一座当时的宫殿遗址。遗址东西长 108 米，南北宽 100 米，平面是略呈折角的正方形；庭院四周长廊环绕，南部的正中是大门，庭院的北部是宫殿。在陕西岐山凤雏村有一组西周早期的建筑遗址，这组遗址有两进院落，在中轴线上依次为屏、门、堂、廊、室，东西两侧是庑，所有的堂、室、门都与庑相连，围拢出两个院落，如此通过房屋四面围拢的形式，完全具备了合院的特点。

四合院形制示意图

中国人崇尚"天人合一"，建屋造宅，安居生息，古往今来，莫不如此。元代建设民居选择了四合院的建筑形式，这种形式非常适合北京地区的自然环境，背风向阳，舒适宁静。20世纪六七十年代，在北京后英房明城墙的基础下，发掘出一处元代的住房遗址。这是一座大型住宅，分东、中、西三路。东路主院有正房与厢房，正房分前后两座，中间用廊连接，平面为"工"字形。正房与厢房相互分离，表现出从合院向四合院的过渡形式。四合院的建筑形制、体量等虽有所变化，但其四面围合的基本格局始终未变。四合院作为北京传统的民居形式，经元代、明代发展完善，至清代达到巅峰，乾隆年间北京四合院超过2.6万座。

四合院住宅的建筑设计和整体布局独特而优越，是构成北京老城的基本组织，既是大型宫殿、坛庙等宏伟建筑的原型，也记载着人们难忘的记忆、经历和情感。北京老城的四合院有着明显的等级，最大的四合院建筑群当属金碧辉煌、红墙黄瓦的紫禁城。皇城附近还有近百处亲王府、郡王府、贝勒府和贝子府，每处都是标准的四合院。同时，老城内昔日的大小衙门、寺庙等建筑，也几乎是四合院建筑形制。

四合院是北京老城的记忆和细胞。传统四合院具有强盛的生命力，经过历史的长期演变，成为最适合北京地区自然和人文环境，以及家庭特点的居住形式。与嘈杂喧闹的街市相比，胡同是北京最清净、最悠闲的地方。在四合院自成体系的民居建筑中，处处可以看到传统文化的影响，营造了一种祥和安宁的氛围，让居住者感到放松、自如和舒适。同时，四合院秉承崇尚自然、效法自然的理念，为人们呈现出一幅四季咸宜的家居画卷和生活的场景，所以老舍先生形容这里是"花多菜多果子多"，这些花草树木增添了家庭生活的情趣。郁达夫说，四合院"一年四季，无一月不好"。四合院住着舒服，冬暖夏凉，而且一抬脚就是自家院子，在里面种植花草，晾衣晒被，谁家遇有烦恼事，院里坐坐聊聊也就过去了，感觉心里舒坦。

北京四合院规模之宏大，保存之完整，在我国乃至世界建筑史上都占有重要的地位。历史留给一座城的是记忆，留给一代人的是情怀。而文化情怀，可以用文化建筑凸显其品位。如果说北京胡同是中国传统居住环境的代表，那么北京四合院则是中国传统民居的代表。这里一座座四合院相依，形成一条条胡同；一条条胡同相连，又构成一片片历史街区，从而形成既秩序井然又气象万千的特色风貌。因此可以说，胡同和四合院是一种组合的关系，是彼此依存的条件。

四合院具有一些基本要素，包括宅门、倒座、正房、厢房、围墙。把这些要素根据四合院的原理组合起来，便组成了四合院。在胡同四合院里居住久了，就会产生浓浓的感情。许多名人住过的四合院，更是一份具有特殊意义的历史文化。东城丰富胡同19号是老舍先生的旧居。在这里，老舍先生创作了包括引起轰动的《龙须沟》《茶馆》在内的24部戏剧和3部长篇小说，接待过周恩来总理和末代皇帝溥仪，以及巴金、曹禺、赵树理等许多名人。

相比一般的四合院，北京四合院又具有一些特点：一是正房与倒座位于中轴线上。正房是全宅的主体，进深、面宽、架高与内外檐的装修规格在全宅居于首位，正房一般是三间。正房两侧有时构筑耳房，耳房的高度低于正房。正房与耳房的总长度决定了四合院的宽度。二是正房、倒座、两厢都是单层建筑，而且各自独立，互不相连。三是正房、倒座、厢房通常采取山墙到顶的硬山样式，不在山墙也不在后檐墙开设门窗，门窗均向院内开辟。四是宅门位于宅院的东南或西北位置，是北京四合院的基本特征。如果宅院坐落在胡同的北部，则宅门位于东南角；如果宅院坐落在胡同的南部，则宅门位于西北的位置。五是北京的四合院在整体上南北长、东西短，但是四合院内部的庭院基本是正方形。

北京四合院的院子大小并无固定的尺寸，由围合的居室决定。一般来说，一个标准的一进四合院进深大约25米，面宽约20米，整座院占地500平方米左右（约合0.75亩，加上院墙占地约1亩）。两进院一般是在一进院的基础上加上一个前院，前后院由垂花门连接，前院与南房一起增加纵向尺寸10米左右。二进院的面宽与一进院相同，约20米，进深总长35米左右。三进院是在二进院的基础上又加上后跨院，房间的尺度比正院的房间小，在整个进深的尺度上再加10米左右，标准的三进院进深约为45米。

在基本构造方面北京四合院大体如此，但是在这个基础上，可以添加新的要素，进行纵向与横向的组合。这些新的要素包括卡子墙、垂花门、抄手游廊、后罩房。从理论上讲，四合院可以进行无限的纵向组合。实际上，北京的四合院受到地理环境的限制，至多是五进。在横向上，也可以进行组合。但是，同样因为地理环境的限制，北京的四合院，最多也只为三路。当然，北京平房民居并非都是标准的四合院，例如，如今对公众开放的鲁迅故居、老舍故居，都只是"三合院"。

从建筑学与地理环境的角度看，房屋坐北朝南，易于采暖通风，所以正房要建在庭院北部。冬季的北京比较寒冷，为了最大限度吸收阳光，避免两厢与倒座的阴影遮住正房，庭院设计为正方形是科学的。

北京四合院建造之初也并非都质量优良。大杂院可以说是北京民居的一个特产，孕育着邻里之间的人情冷暖和"远亲不如近邻"的市井文化。分布在四九城的很多大杂院，民居建造质量有着天然缺陷，

史家胡同博物馆内景

平房为灰顶或碎瓦，墙体内填充的主要材料是碎砖头，墙面使用白灰、青灰和麻刀砌筑。我 6 岁以前曾住在北京崇文区，那里的一些院落就是"大杂院"，正如电影《龙须沟》里反映的那样。

四合院确实是一种既富有地方特色，又宁静实用的住宅形式。瑞典前驻华大使傅瑞东曾这样赞美道："四合院住着温馨，构思别致，美观耐看。布局也好，用料也好，都是人们历经数百年摸索总结出来的，极尽上乘建筑之风范。四合院可说是中国对世界文化所做的独特贡献，华人引以为豪，洋人叹为观止而流连忘返。"作家林海音说："家是看不厌的。"哪怕再穷、再旧，四合院里洁白的槐树花、鲜红的石榴果、黄艳艳的小雏鸡和房檐坠落的明亮亮的小雨珠，都成为老北京永远的记忆。长长的胡同两旁整齐地排列着古槐，蔽日参天。胡同两侧的四合院内，静谧的院落，绿荫匝地，清凉沁人。覆盖于四合院屋顶的树冠则交织成一片绿色的海洋。

中国人讲究以人为本，追求长幼有序、亲疏有分、互敬互爱，北京四合院住宅自然也符合这种精神追求。这种用青砖灰瓦建造的四合院院落，之所以在北京城成为最主要的居住形式，既与华北平原受季风气候影响的地理环境有关，也与我国传统社会的生活方式和家族观念密不可分。

作为城市结构的最基本单元，历史上的北京四合院大体经历了 4 个阶段：元代、明清时期、民国时期、20 世纪 50 年代以后。从元代起，伴随人口不断集聚，四合院民居不断加密，胡同与街巷数量稳步增加，大量四合院为"独户独院"模式。经过明清的极盛时期，至清末民初四合院即显衰落。民国时期，北京四合院的居住状况发生了很大变化。据 1936 年 9 月 17 日《北平晨报》报道，北京的四合院除掉一部分为机关团体借用，一部分为有产阶级占用，剩下的不是化大为小，便是由几家居住。其余"在城外关厢地区及西直门西北城角、东直门内东北城角、崇文门内东南城角、西便门内太平街一带、安定门内迤东一带、陶然亭一带、广渠门一带的房屋极窄小，俗称'大杂院'"。北京老城在 20 世纪 50 年代之后陷入的一个困境，就是存量建筑的整体性持续衰败。北京解放初期，北京城区和关厢地区共有房120 万间，其中四合院约占 70%。据 1952 年北京市调查显示，北京老城危险房屋为旧有房屋总量的 4.9%。20 世纪 70 年代以后，北京市的城市人口迅速增加，住房紧张，政府部门采取"接、推、扩"的措施，一时间搭建临时建筑 200 万平方米，使四合院内的建筑密度提高了 15%，大部分四合院已经面目全非。

　　唐山大地震以后，北京四合院受到严重影响，不少院子里搭起防震棚。地震危险过后，一些防震棚并未拆除，而作为厨房、库房，甚至居住房屋使用，致使不少四合院的格局进一步遭到破坏。同时，居民自发占院建房，使四合院空间形态严重损坏，胡同风貌变得杂乱无章。生活品质低下，导致有经济实力的家庭相继离开，加剧了"大杂院"的趋势。尽管老屋肌理尚存，但是传统住居文化已经渐渐远去。

　　据北京市住房和城乡建设委员会 2004 年统计，北京老城内三、四、五类房，即一般损坏房、严重损坏房和危险房，达到房屋总量的

50% 以上，老城内危房已超过 202 万平方米，涉及居民达 7.1 万户。由于城市人口膨胀、住房紧缺，"经租"政策的施行，以及唐山大地震期间的临时安置等原因，四合院的单一家庭模式和私人土地产权趋于瓦解，越来越多的四合院演变成"大杂院"。今天我们看到，胡同里面规整的四合院已经非常稀少，被形态各异的搭建房屋割裂成一个个"迷宫"。

《北京四合院志》中的一组数据表明，在旧城改造中，北京的四合院总量已经由清乾隆时期的 26000 多处，变为 20 世纪 80 年代的 6000 多处，其中保存较好、较完整的有 3000 多处。到 2012 年，形制较完整的只剩 1000 多处，北京四合院正处于逐步消失状态。此种情况持续发展，日益恶化。怎样妥善解决老城内如此大量而集中的四合院危房的维修与保护，成为北京老城整体保护工作所面临的现实问题。

四合院在北京的历史中，不仅仅是人们生活居住的建筑，同时也是北京独特文化的重要载体，呈现出独特的传统风格，合院为宅，上通天空，下接地气。"云开阊阖三千丈，雾暗楼台百万家。"元代诗人笔下的"百万家"，指的正是北京四合院。"天棚鱼缸石榴树"，这是北京四合院内如诗如画的民俗生活。早在元大都建设时，就规划了在大街和胡同里种植槐树为行道树，这样每座四合院的大门前就有两颗槐树，融合了对大自然的谦恭情怀，营造了绿色和谐的人居环境。

北京四合院将院落作为居住、生活的中心，体现了人与天地、自然的沟通，体现了建筑与自然、人的交融。站在四合院内，会感叹于人与自然和谐、统一、宁静的整体感，感叹于四合院将自身尺度与周边环境的尺度把握得如此精准，感叹于四合院实现了生活空间与社会结构宛若天成的契合。如果把房屋建筑看作是实体空间，那么院落空间自然就是虚体空间，这种虚实结合的生态理念，调节着人、建筑、自然的关系，满足日照、通风、保温、隔热、采光、隔声等人居环境需求，体现出朴实的自然观与生态观。

宽敞的庭院不仅可以保障房间采光、通风的需要，而且是四合院内的"交通枢纽"，更为人们提供足够的活动空间，成为人们夏日乘凉、晒物晾衣、操持家务等的场所，种植在院内的树木、花草既点缀了庭院，也拉近了人们与自然的距离。人们的起居活动多在院落里，而房子主要供居住。四合院的前院是一个对外的空间，用于接待客人等，而第二进院供家庭成员居住。对外来说，只有一座大门与外界相通，窗户都是对内开启，院落对外是完全封闭的，保证了私密性。温馨的四合院能让人们在繁华的都市中安静下来，老人们可以在恬静的环境中安享天伦之乐；孩子们可以在安全的空间中自由自在戏耍；作家、画家、音乐家、收藏家，以及各行各业的人们都可以在此感受到居住环境的优越。

梁思成先生认为，历史上每一个民族的文化都产生了它自己的建筑。院落是中国人居的核心所在，对于中国人来说，有了一个自己的院落，精神才算真正有了着落。中式院落建筑的意境之美，以其缓缓流淌的文化气质，深受人们的喜爱。中国传统居住文化讲究"天人合一，浑然天成"，即寄情山水，崇尚自在，追求人与自然和谐共处之境界。

在中国，院落一直伴随着中国人的生活，给一代又一代的人提供安定、宁静、和睦、舒展的生活承载，散发出经久不息的文化魅力。然而，在近半个世纪里，院落正在淡出城市人的生活，这也恰恰成为我们怀念院落的理由。有关家的记忆，有关家族的记忆，都有中国人生命体验中最温暖的、融入骨髓的那一抹关于院落的情结。充满人情味的中式院落，是中国住宅文化重要的组成部分。这种居住形式非常适合我们的民族文化，也更贴近百姓的生活。

北京老城胡同－四合院不仅是我国优秀的文化遗产，而且是全世界人类的共同遗产，具有突出的普遍价值，理应申报世界文化遗产，使全世界人民共享这一灿烂的文化。北京已经拥有 7 处世界文化遗产，是全国拥有世界文化遗产最多的城市。事实已经证明，申报世界文化遗产为城市带来了显著的社会效应，促进了经济社会的全面发展。北京老城胡同－四合院申报世界文化遗产，也必将对突出北京作为全国文化中心的性质，提升北京良好的国际形象，起到巨大的推动作用。

目前，列入联合国教科文组织《世界遗产名录》的项目中，有半数以上属于历史城区或历史街区，它们往往既保持了完整的历史风貌，又具有现代化的生活基础设施，成为令人向往的文化圣地。在我国已有的世界遗产中，古遗址、古墓葬、古建筑群、石窟寺等类别的文化遗产项目较多，而历史城区、历史街区和传统民居建筑群等类别的文化遗产项目则较少。因此，如能将北京老城胡同－四合院成功申报世界文化遗产，将使我国拥有的世界遗产项目更具平衡性和完整性，也是对世界遗产事业的积极贡献。

多年来，加强胡同和四合院的保护，越来越成为社会各界的集体呼吁。如何使胡同－四合院居住体系获得再生，如何不断结合现实生活需要提升居民的生活水平，人们一直在进行着努力。2008年，在全国政协十一届一次会议上，我联名郑欣淼、王瑞珠、张和平、耿其昌等42位全国政协委员，提交了《关于北京旧城胡同－四合院整体申报世界遗产的提案》，建议坚持对北京旧城胡同－四合院进行整体保护，有计划、有步骤地推进旧城胡同－四合院的整治保护工作，启动北京旧城胡同－四合院申报世界文化遗产工作。提案呼吁结合正在进行的第三次全国文物普查，进一步摸清北京旧城胡同、四合院的保存现状，加以登记造册，建立完善的保护管理档案。在胡同－四合院的保护整治过程中，积极探索既有利于历史街区整体保护，又有利于改善居民生活的整治方法。注意保护传统风貌和街巷肌理，坚持循序渐进、有机更新的方针，采取小规模、微循环、渐进式的方法，防止"大拆大建"的行为，避免"运动式"的改造。

世界文化遗产的保护和管理不仅要遵守我国有关文化遗产保护的法律法规，而且要履行联合国教科文组织的有关国际公约。近年来，文化遗产保护理念有了新的扩展，对文化遗产的本体保护、环境景观、宣传展示、旅游管理等都提出了更高的要求。若北京旧城胡同－四合院列入《世界遗产名录》，必将促进保护、管理水平的提高。

北京同诸多历史悠久的城市一样，老城区富有吸引人的魅力，但是由于密度大、生活成本高、生活不方便等问题，越来越无法容纳年轻人。城市和建筑应该是动态的，社会和家庭的结构在变化，如果一直按固有的生活方式、经济条件和家庭结构来设计，城市就会慢慢丧失多样性和活力。而使年轻人回到城市中心来生活对于整个城市来讲是有意义的。胡同并不是要保留老的生活空间，而是要创造具有时代感和未来意义的充满新发现的城市空间。利用城市的公共空间和共享空间，在保留老城风貌的同时，发现全新的生活方式，探索有意义的、新的生活空间。

如果失去胡同，北京将会变成世界上随处可见的平庸的现代都市。今天我们保护历史文化保护区，需要的不仅是对于传统的尊重与敬畏，更需要追求卓越、精益求精的"工匠精神"。尊重街区历史和社区民众需求，在宜居和街区特色上做精致的文章。要以院落为基本单位，实行"微循环式"保护与更新，以遏制采取大规模"危旧房改造"方式对传统文化的破坏，保持原有胡同肌理和院落布局。结合公共空间，提升社区环境品质，展现历史文化保护区的魅力与活力。留住历史街区的老味道，找回乡愁记忆。目前胡同环境治理要做减法，加强项目和资金统筹，认真落实街道设计导则，领会风貌保护的真谛，还胡同清净的氛围。

东四不仅有"东四十条"

今天，随着社会转型，土地作为有限而不可再生的战略型资源，不再适合延续过去的增量开发模式，城市建设开始告别快速扩张的时代，转入存量更新时期。在这样的背景下，文化复兴的重要性日益彰显。而城市作为社会转型的载体，其中最具文化表征的老城更是中华文化复兴的关键。

历史文化街区拥有人性化的尺度和个性化的特色，其中多样化的历史和文化遗产留下了深厚的历史文化内涵以及丰富的城市空间结构，因而相对于现代居住社区，历史文化街区因更具文化情怀而更加耐人寻味。每个历史文化街区都存在着场所认同感，对胡同－四合院场所认同感的关注，也源自对现代城市趋于雷同、丧失个性、愈加同质的担忧。历史街区所具有的这些独特品质，都会令人回想起逐渐远去的具有个性的时代，保留着城市的记忆和文脉，而这正是历史文化街区最本质的魅力所在。

1267年，元大都城规模基本成形，城内的居民在划出的土地上建房居住。东四地区在元代已形成繁华商业区，是全城三大商业中心之一。东四三条至八条位于朝阳门内大街以北、东四十条以南、东四北大街以东、朝阳门北小街以西，行政隶属于东四街道办事处管辖，面积65.7万平方米；基本保持了元代寅宾坊的肌理，胡同走向基本横平竖直，排列整齐有序，呈现完整的"鱼骨"式肌理，是北京老城中保留最完整、规模最大的胡同街坊，也是典型的以传统胡同－四合院风貌为主的居住型街区。

当前，需要进一步挖掘北京老城具有文化底蕴、有活力的历史场所，重新唤起对老北京的文化记忆，保持历史文化街区的生活延续性。东四三条至八条历史文化保护区的特点之一，是经典的北京传统四合院建筑群，是从"一进"到"多重"，从"一路"到"多跨路"均有大量保存，历史文脉清晰，风貌与质量完好，包含了"胡同文化"最精辟的内涵。1999 年，东四三至八条被公布为第一批北京市历史文化保护区，2014 年又被公布为第一批中国历史文化街区。

东四社区有很多历史遗存具有丰富的文化背景和人文内涵，与历史变迁、历史事件、历史人物紧密相关，文化风韵与建筑空间交相辉映，文化底蕴丰富。东四三条至八条历史文化保护区内现存不可移动文物 18 处，其中包含全国重点文物保护单位 2 处，即孚王府、崇礼住宅；市级文物保护单位 2 处，即恒亲王府、大慈延福宫建筑遗存；区级文物保护单位 5 处。同时，东四三至八条历史文化保护区内有已公布的历史建筑 5 栋、古树名木 98 株、名人旧居 20 处、宗教建筑 5 处、其他有历史文化意义的场所 16 处。

经过详细调查，在东四三条至八条历史文化保护区内，发现了362 处有价值的各类形制门楼和 54 处含影壁、照壁、垂花门、假山、上马石、石敢当等有价值构筑物的院落。此外，街区内有国家级非物质文化遗产 1 项和区级非物质文化遗产 2 项。需要深入发掘这些历史遗存和空间的文化价值，在严守整体保护要求的前提下，为历史文化街区注入新的活力，以人文要素带动区域发展，处理好保护与利用物

胡同里有特色的构筑物（周高亮摄）

质与非物质文化遗产，以及传承与创新的关系。

在 2000 年编制的《东四三条至八条历史文化保护区保护规划》中，对东四三条至八条街区有价值建筑的核定和保护提出了基本要求。近年来保护规划不断深化，包括《东四三条至八条历史文化街区保护规划实施评估》《东四三条至八条历史文化街区保护与发展规划实施研究》《东四三条至八条历史文化街区风貌保护管控导则》在内的相关规范的编制完成及公布执行，为东四三条至八条历史文化保护区传统风貌的保护和历史建筑的修缮做出了更加具体的方向、路径和技术引导。

中共中央、国务院在对《北京城市总体规划（2016 年—2035 年）》的批复中，提出"恢复性修建"的概念。"恢复性修建"是对在历史文化保护区进行大规模房地产开发建设的反思。但是，进行"恢复性修建"既不是兴建大量仿古建筑，也不是对传统建筑用青砖灰瓦搞一场"城市化妆运动"，做一些表面文章。"恢复性修建"需要分析老城衰败的原因，恢复胡同 - 四合院固有的生长机制。因此，只有对存在的问题有清醒认识，对症下药，才能为"恢复性修建"找到合理的路径，才能从根本上推动老城的保护与复兴。

历史文化保护区保护是北京老城保护的重中之重、难中之难。不同于文物建筑的保护，历史文化街区既是具有历史价值的保护区域，也是人们生活其中的活态空间，不可避免地会发生房屋修建等更新变化。根据 2016 年的相关资料显示，东四三条至八条历史文化保护区内有平房 14 万间，建筑面积 244 万平方米。区域内环境脏乱差、开墙打洞、私搭乱建等现象和安全隐患十分突出。这里原有的人文氛围逐渐衰落，区域基础设施建设严重滞后，整个区域现状与北京核心区历史文化街区的地位严重不符，保护和整治迫在眉睫。

同时，四合院内房屋出租情况严重。过去，在历史街区内居住20年以上的居民占绝大多数，几代人同住一个屋檐下的情况屡见不鲜。但是近些年，区域内聚集了大量从事"七小"行业的外来人口，以租赁房屋形式开展经营的比例增加，一些当地居民搬到历史街区外的居住区居住，将自家房屋出租出去。由于平房区内生活成本低，租住房屋者多为外地来京务工人员。外地人口大量涌入，不仅带来了与四合院原有文化氛围不协调的生活习惯，而且由于人员情况复杂，也带来了大量管理难题。

这些历史街区，大多经历数百年风雨，生活基础设施落后，已远远跟不上时代发展的步伐。很多居民没有过上舒适方便的现代化生活，仍然忍受着生活的种种不便。很多胡同的地面在逐年垫高，而两侧四合院的地面一直没有改变，这就形成了很多低洼积水院落，甚至厕所的污水也排不出去。时至今日，多数四合院的院落中没有配套的厨房、厕所、洗浴设施，厨房一般搭建在院内，只能使用距离较远的公共厕所，居民虽然在夏天可以使用简易的淋浴设施，但是大部分时间只能去公共浴室或在工作单位解决。

数十年来，伴随城市人口的激增，传统四合院民居超强度使用，致使当初环境舒适的四合院变成了居住拥挤的大杂院。由于历史欠账和现实管理体制等问题综合交织，使世代居住在历史街区内的居民生活水平，逐渐与整个社会人居环境的全面改善形成了强烈的反差。四合院内，居民出于改善居住条件的需要，搭厨房、建小房、私搭乱建严重，侵占了公共空间，加剧了安全隐患，同时致使通风条件恶劣，院落空间狭小，室内冬冷夏热，也使四合院应有的传统风貌和文化气息消失殆尽。

北京四合院原来都是房主自己不断地修缮，保持房屋健康，主要的原因就是房主拥有私人产权，自己一家在使用，所以一直在自己加以维护。而目前一些四合院的所谓房东并没有房屋的所有权，仅有使用权，因此不会为传统民居的维护修缮提供资金。很多居民期盼不断恶化的居住环境能得到改善，也有很多居民希望早日得到拆迁安置。但是被拆迁的居民们又抱怨开发过程缺乏透明度，改造计划没有公之于众，缺乏拆迁安置方案的知情权，更没有社区未来建设的发言权。当地居民感受不到自己是历史街区的主人，反而像是客人。

2016 年开始，东城区推动历史文化街区的综合治理，希望通过"疏解整治促提升"，逐步恢复历史文化街区的原有风貌，改善提升胡同居民的生活环境品质，营造幸福美好的胡同生活氛围，努力建设"历史文化精华区"，形成"点、线、面"结合的整体保护格局。东四社区不遗余力地推动历史文化街区、文物保护单位、古建筑保护，保护历史街区棋盘式道路网的骨架和胡同格局，推进老城的保护与复兴，努力实现"五个提升"，即功能提升、业态提升、环境提升、治理水平提升和群众生活水平提升。

北京市规划设计研究院专门对东四社区内的院落进行调查，包括哪些住户的门头需要保护、改造后的窗户怎么做、哪些院落属于低洼院落等，以《东四区域保护规划实施研究》《东四三条至八条历史文化街区风貌保护管控导则》等研究成果作为技术工作依据，为保护工作确定了约束条款，每个院落的腾退修缮都有专门的方案，一院一案，不仅要报规划部门审批，同时还要通过专家会议严格把关。在责任规划师、责任设计师、相关领域资深专家共同参与的情况下，由街道办事处主导实施，严审设计方案，把关施工单位，强化日常监管。

东四三条至八条的保护整治工作，还与国外一些历史街区保护和活化实践进行了比较研究。韩国首尔北村鼓励韩屋按照传统工艺修缮，开放韩屋作为传统建筑展示空间，鼓励非遗空间与传统建筑相结合。日本京都清水寺街对历史街巷进行整治，规范附属设施，保护老街传统风貌。日本古川町注重对传统建筑的修缮、注重传统节日文化的传承、注重社区氛围的营造。在此基础上，东城区于2016年12月正式启动东四三条至八条区域的历史文化街区保护工作。通过"疏解整治促提升"工作，胡同－四合院的风貌大为改观，历史文化街区的旧貌逐渐再现，居民的生活环境得到了很大改善。具体来说：

一是提升环境品质，恢复格局风貌。规划设计主要以减法为主，以传承风貌、彰显文化、和谐宜居为原则。突出老北京胡同文化，体现传统胡同变革，提出"国风静巷"的发展定位和"静胡同·新生态"的复兴理念，做到修旧如故，贯彻"具有可逆性、最小干预性以及可识别性"的修复原则，旨在传统文化的传承，进一步体现东四地区以四合院为代表的北方民居建筑群的历史文化价值，力求形成一个以四合院为代表的北方民居建筑生态博物馆。修复具有价值的四合院门楼，对风化严重的墙面砖体进行重砌，恢复胡同外立面的灰色基调。

二是传承历史文化，发挥工匠精神。要怀着对历史文化的敬畏之心和态度开展胡同 – 四合院的修复，运用传统工艺高标准修缮历史建筑，使东四历史街区成为传统建筑营造工艺的传承基地。对于恢复性修缮秉承尊重历史、传承文化的原则，邀请古建筑专家现场对修缮工作进行指导，并组织施工单位听取胡同文化讲座。例如，对具有保护价值的四合院门楼，要采用原材料、原工艺进行修复，对于富有特色的文字、砖雕、雀替、排水孔、六棱柱型门墩等细心保留，对门楼墙壁上需要保留的信息，只做清洁处理，力争还原风貌，彰显建筑特色。

东四国风静巷（周高亮摄）

三是探索管理方式，推动社区自治。结合"百街千巷"，引导和动员社区居民共治理。在拆除违建、封堵"开墙打洞"的同时，摆花箱、砌花池、垒花坛，让居民变身为胡同绿化、美化生活环境的绿色志愿者。随着胡同环境的整体提升，激发了居民对周边环境保护的责任意识，也增进了居民邻里之间的情谊，大幅度提高了居民参与社区自治和活动的人员比例。东四街道还成立了文保志愿者队、启动了公益微创投项目，由责任规划师或是各领域专家带领居民一起看院子、讲院子，让更多的居民了解文物保护知识、宣传老城保护价值。

在实施院落疏解腾退之后，除了针对老院落进行专门的保护修缮，还引入服务于当地居民的合适物业，为街坊们服务。侧重社区养老、医养结合，同时增设邻里中心，提供与民生相关的服务，用以补足城市短板。邻里中心的设置在方便居民日常生活的同时，还可以将小旅店、小歌厅、小洗浴、小工厂、小建材及废品回收、产品维修等曾经盘踞胡同、影响居民正常生活、存在安全隐患、卫生环境较差的业态挤压出去。

同时，环境整治向精细化发展，胡同内台阶扶手等设施由于年久失修，给居民造成诸多种不便，在修缮过程中，将台阶重新翻建等项目，方便居民进出院落、搬动自行车等。将原本坑洼的院落地面重新铺上青砖，设置排水井，方便院内积水的排放。这些环境整治工作取得了居民的认可。随着胡同环境的整体提升，激发了居民保护周边环境的责任意识，部分居民自愿拆除原本破烂不堪的煤棚，重砌花池，

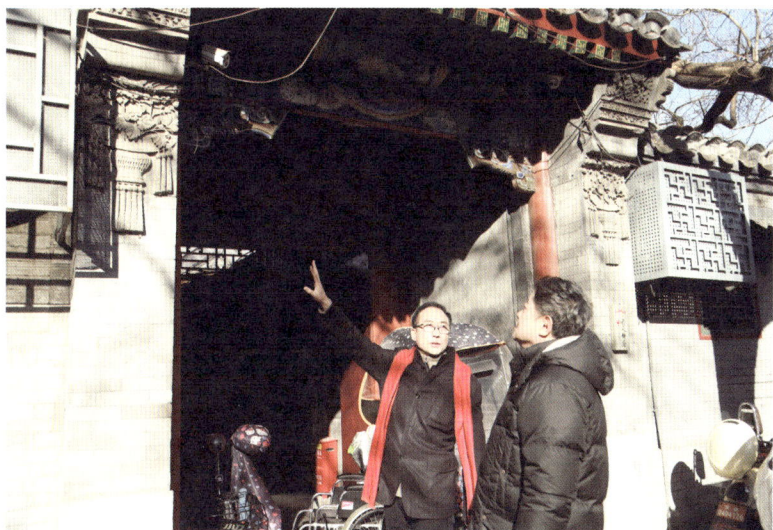

张志勇讲解东四古迹维保的过程（周高亮摄）

并积极认养自家门口的花木，仔细照料，为胡同增绿的同时，也增加了居民邻里之间的融洽度。

东四街道办事处张志勇主任向我们介绍，将胡同风貌重新亮出来的过程很不容易，都是胡同居民参与、共同努力的结果。东四社区居民和志愿者已经连续两年用周末的时间进行环境整治，使胡同的生活空间经过大家的双手，一点点变好。环境整治过程中，东四社区建立起风貌保护管控机制，加强规划、建设、管理的衔接，搭建政府主导、公众参与、多元治理的工作平台，提高公众参与权、知情权、监督权，塑造以胡同文化体验为主、传统风貌与现代居住需求相结合、新老文化交融共生的历史文化街区。

同时，东四社区积极发掘、整理、恢复和保护各类物质与非物质文化遗产。保护和传承传统地名；开展口述史、民俗、文化典籍的整理、出版、阐释工作；深入挖掘文化内涵和精神价值，讲好文化遗产背后的故事，活化文化遗产资源，等等。在传承传统节庆文化方面，东四社区已经连续 11 年在立春节气举办"报春送福"活动，在传统的胡同中，居民和来宾一同走街串巷，为街坊送上新春祝福，大家其乐融融，胡同里热闹非凡。

　　东四三条至八条历史文化街区在环境提升中，严格执行《北京旧城 25 片历史文化保护区保护规划》和《北京中心城控制性详细规划》，尊重地区发展规律，通过小规模、渐进式有机更新的方式组织实施，严禁大拆大建，实现精细化管理，推进街区功能疏解，逐步拆除违法建设，解决乱停乱放、占道经营、噪音扰民等问题，形成安全有序、文明顺畅的生活秩序。结合功能疏解和环境整治腾退空间，合理安排公共服务设施和市政交通基础设施。

　　在这里，任何单位和个人对历史文化街区的保护都有知情权、参与权、监督权和受益权。充分调动当地居民参与规划管理与社区事务的积极性，激发内生力量，集聚多方力量，实现共建共享。在这里居住的每一位社区居民都知道，不得擅自搭建建筑物、构筑物占用胡同空间，不得开墙打洞、私装地锁地桩、违法停车，不得擅自设摊、占道经营、张贴、涂写、刻画、堆放杂物等。

　　在保护传统风貌的前提下，改善居民生活环境，促进地区传统文化与现代生活有机融合，全面提升街区空间品质和生活水平。例如，实现路面铺装与传统风貌相协调，路灯、花箱、树池、环境小品等城市家具结合胡同公共空间进行设置，营造良好的景观节点，为居民提供休憩场所。同时，预留步行空间、消防通道，谨慎设置位置固定的城市家具，避免减少胡同有效通行宽度，影响居民的正常出行及应急消防、疏散能力，商业功能则沿街区外围街道布置，胡同内适度设置社区服务功能。

对东四地区我还是比较熟悉的。在北京市规划委员会工作期间，我曾主持制定《北京旧城 25 片历史文化保护区保护规划》，东四三条到八条历史文化街区就是其中之一。在国家文物局工作的时候，2006 年 6 月中国第一个文化遗产日，我们也参加了在东四街道奥林匹克社区中心举办的活动。后来，故宫博物院提出"把一个壮美的紫禁城完整地交给下一个六百年"，而 2018 年 8 月 8 日《新京报》一篇文章的标题是《修旧如故 把东四交给下个"七百年"》。

实际上，提出这一口号的是张志勇。他熟知东四地区历史文化，对东四社区有着非同一般的感情，深感历史文化街区保护的紧迫性，了解居民生活中的实际需要，被称为"最有文化的街道主任"。在他任职的两年中，组织恢复了东四三条到八条 110 个门楼，2 万多米围墙，露出影壁 9 个，在修缮改善方面累计投入约 1.4 亿元，拆除违章建筑 2.6 万平方米，封堵开墙打洞，恢复四合院院落的历史风貌，积极筹备建立东四胡同博物馆，对东四三条到八条历史文化风貌的恢复和保护很有贡献。

今天的保护行动可以进一步激发广大民众的文化自信，使民众成为优秀传统文化最生动的讲述者、最具情感温度的传播者。东四社区因其文化积淀之深邃、文化土壤之肥沃、文化氛围之浓厚、文化教育之发达，成为令人向往的地区。过去，我与东四社区文化有过一些接触。记得在 2006 年 6 月第一个中国文化遗产日前夕的 6 月 6 日，我参加了在奥林匹克社区举行的"品味东四"展，它的可贵之处是不仅展示了东四街道文化的悠久历史，还记录了古老文明与现代节奏、传统文化与奥运精神的进程。2007 年，第二个中国文化遗产日之后的 6 月 13 日，我再次来到东四社区，在有着 600 年历史的南新仓参加了《东四名人胜迹——讲述京城胡同的故事》一书首发式，它不仅让人们在古都文脉中回忆往昔岁月，更让我们感受到在这片土地上有属于自己的精神文化地标，有不胜枚举的文化名人。2008 年 8 月，《奥林匹克在东四》一书即将出版时，作者邀请我为这本书作序。我看到书中在"历史上的东四"等篇目基础上，还摘编了海内外友人对东四奥林匹克社区的观后感及建言，让人感受到奥林匹克精神和"人文奥运"理念在东四社区的传承。

2020 年 1 月 20 日，《我是规划师》节目组走访了东四胡同博物馆。张志勇主任介绍，2018 年，东城区政府与首创东恒公司共同将东四四条 77 号院进行了维修保护，将其作为东四胡同博物馆对公众开放，这里成为承担文化展示和社区服务功能的公共空间，成为展现东四地区深厚老北京文化和历史底蕴的重要窗口。站在东四胡同博物馆门前，就可以看到王蒙先生题写的馆名，原来王蒙先生也是东四社区的老居民。

在东四胡同博物馆的老照片中，展示着在东四社区生活过的文化名人，张志勇主任对每一位文化名人的情况和住在东四哪条胡同、哪个院落如数家珍。的确，每一位曾经在社区居住过的文化名人，每一件曾经在社区发生过的历史事件，都应成为珍贵的社区记忆。将文化名人对社会的贡献、历史事件对社区产生的影响展示给社区民众，能够使社区民众了解和认识本社区的历史，从而生产自豪感。

穿过"印象瓦舍"创意展区，来到东四印象展区，张志勇主任热情引导我们参观了东四胡同博物馆的藏品，并讲述了这些藏品的来历，包括老衣柜、鱼缸、博缝头、门墩儿、炭化的米……这些都是人们自愿捐赠的老物件，这些来自民间的老物件，虽然不是国宝，但都是各家的传家宝，魅力来源于漫长岁月的积累。

几位东四社区的老居民热情地向我们讲述了自家"宝贝"的故事。听说街道建博物馆，74岁的杨世明先生代表全家捐献了"老米"。他介绍说："中药里有'焦三仙'，其中一个就是炭化了的大米，相传有养胃、助消化的功能。我的祖上有人在粮仓干活，我妈妈胃口不好，就拿一些炭化了的米给她。这米一直放在一个皮箱里，搬家的时候翻出来，我们都不知道是干吗用的，问我爸爸才知道的。这米已经有百年历史了，看到黑乎乎一团的'老米'，眼前清晰地幻化出妈妈的面容和自己的小时候。"

段瑞鹏先生自爷爷辈就在东四社区居住，至今已经近百年，他家最老的物件是一组大水缸，通体黑色，上面雕着荷花、狮子头等纹饰，是爷爷曾经放在院子里养荷花用的。他的家里本来有三个，"那时候这三个水缸一字排开摆放在院子里，后来水缸给了我父亲，一直传到我这辈儿"，段瑞鹏先生说："曾经有外国游客想高价买下这三个水缸，但被我婉拒了。这是中国人经历了多少年留下的东西，承载着太多的历史记忆。能让更多的人了解北京的胡同，了解前辈们的生活日常印记，我特别高兴。"而这次东四胡同博物馆开馆，段瑞鹏先生二话不说，就把家里这三个水缸和两个石门墩搬来放到博物馆展览。

由于种种原因，相当数量的四合院已经永远消失，其中的绝大多数物件也在房屋的拆除过程中受到损坏。但是仍然有一些物件被私人收藏，散落于民间。这样，社区博物馆便可以通过进行广泛宣传，搜集物件的线索，依靠社会各界力量密切协助，鼓励社会热心人士和民间收藏人士向社区博物馆捐赠、捐售。老居民们向东四胡同博物馆捐赠藏品的行为，让我看到当地民众才是这座博物馆存在的根本动力，也是博物馆发展的智慧源泉。社区生活实际上才是东四胡同博物馆真正的展品。

站在博物馆的院子里，我感到东四胡同博物馆不仅是一处文物收藏、研究、展示设施，还肩负着历史使命与社会责任，成为具有影响力与凝聚力的社区文化中心。老居民们纷纷表示，以前没觉得咱胡同这么好，现在越来越爱东四了，就是听张志勇主任讲东四地区的历史和文化，才对东四社区产生了浓厚的兴趣，还自发成立了文物保护小组。社区是当地居民的生活家园，没有人比世世代代生活在社区内的民众更热爱自己的家园。在社区文化的构成中，当地居民是最为重要的因素，只有通过他们所进行的文化遗产保护，才是有价值的和可实施的保护。

听着老居民们的话，我感到：东四社区中历经沧桑的胡同和四合院正是因为有社区民众的世代居住与守护，才形成了独具特色的文化空间，才获得了与众不同的性格特征。一个健康的社区是有生命的，生命中充满了故事，随着时间的流逝，故事成为历史，而历史演变为文化。当地居民就是他们所讲述的故事的一部分，我们必须尊重人们讲述自己文化历程的故事的权力，尊重人们为形成自己社区文化赋予意义的权力。

传统社区具有对文化遗产资源的吸纳能力和保存能力。同时，人们对社区内文化遗产资源的认识有了很大进步，人们并不以社区形象不够现代而不安，而是以保持传统生活而自豪，因为人们知道良好的社区形象需要通过历史文化积淀塑造，而不可能是短期内的矫揉造作实现的。同时，人们开始将关注的焦点投向一些过去忽略的内容，包括一些长期伴随他们生活的物品。通过东四胡同博物馆这样社区博物馆的建立，使社区居民开始以一种积极的态度加入到传承传统文化的行列之中。

东四胡同博物馆具有独特的功能，对社区生活构成了积极意义。在生活水平日益提高的今天，人们更加强烈地关注高尚的精神文化追求。在东四胡同博物馆，可以翻阅东四社区这部百科全书，读到的是文化氛围与生活气息。在这里，比在传统博物馆更容易感受到文化氛围，更容易捕捉到生活气息。在这里，可以了解到社区文化发展演变的过程，可以窥探到社区空间的每一个角落，可以观察到社区生活的每一个细节。东四胡同博物馆的建立会对社区民众的生活和行为产生潜移默化的影响。

东四胡同博物馆的建立，使东四四条 77 号这座传统四合院与一些仅存建筑躯壳的传统建筑不一样了，如今，这里充满人情味、充满温情、充满感情。一方小小的天地，折射了整个社区的变迁。我还看到，东四胡同博物馆不仅拥有良好的文化气息，也拥有和谐的社会关系，正在成为学习、娱乐、休闲的理想环境。只有做到关怀社区、服务民众时，自身才能获得新的发展，才能成为促进社区博物馆持续发展的积极因素，成为促进社区文化整体协调发展的积极力量，才能对社区文化氛围的营造、对社区文化品质的提升发挥独特而重要的作用。

　　传统建筑与民众的社会生活密切相关，在城市物质与社会环境中不时地传递着审美信息，影响着人们的精神气质和审美情操。同时，东四胡同博物馆的存在，在为当地居民提供学习机会的同时，有利于促进社区民众之间的宽容、尊重和互信。社区面向的对象是以家庭为单位的社会群体。此次与来自不同家庭的老邻居们接触，我也感到社区民众对于文化传统的眷念，是经年累月由时光和生命交织的情感，并融入社区民众的血液，成为遗传基因，努力培养出热爱社区文化的新一代居民，将社区文化世世代代传递下去。

东四胡同博物馆内景

社区是构成社会的基本组成单位，家庭则是社会的细胞，东四胡同博物馆需要不断扩大社会影响，也需要积极培养观众群体，而观众群体的培养首先要从社区民众开始。当地居民是社区的主体，是社区文明的创造者、实践者和受益者，博物馆的发展不能忽视当地居民的需求。尊重民众，才能尊重民众创造的文化遗存；尊重民众，才能尊重民众创造的生存环境；尊重民众，才能尊重民众创造的文化特色。

美国哲学家爱默生曾经说过，城市"是靠记忆而存在的"，公众记忆是一切工作的基础，这是一笔必要的、巨大的遗产。东四胡同博物馆实际上还是一座拥有详细记录社区情况的"资料信息中心"，能储存和提供社区文化的相关信息，包括各类文献中的文字资料、录音记录下的口述历史、具有特殊意义的实物标本、文化遗产资源的普查清单，以及其他属于社区文化的物质与非物质遗产。前来东四社区访问的宾客可以通过东四胡同博物馆，了解胡同和四合院民居特色，体验社区的传统文化内涵。

东四三条至八条依托北京老城环境而存在，既要保持历史文化街区独具一格的魅力，还要激活其在现代城市发展中的文化生机。因此，东四胡同博物馆所展示的不仅仅是历史的痕迹，也展现今日社区文化的面貌，为社区文化的繁荣发展提供了永不枯竭的艺术养分。社区博物馆就是努力寻求以一种永久的方式，在一片特定的社区中，伴随着当地居民的参与，保证文化遗产保护、研究与展示的功能，强调自然与文化遗产的整体性，以展现其代表的社区环境及传承下来的生活方式。

社区博物馆的理念对东四胡同博物馆的产生有一定影响。张志勇主任了解到 19 世纪末瑞典成立了斯坎森露天博物馆，20 世纪初北欧国家还曾出现过保护乡土文化的"活态博物馆"运动。这些社区博物馆深深植根于当地社区，满足于今天和未来的需要。在社区博物馆里，当地的文化节日、集市贸易、婚丧嫁娶、民居民宅、表演游戏、歌舞弹唱、玩具器物等各种可移动与不可移动文物、有形与无形遗产都是其组成部分和表现形式，借以弘扬当地传统文化。由此可见，社区博物馆的诞生，是对传统博物馆理念的挑战。

张志勇主任骄傲地对我说："实际上我们整个三条到八条胡同都是博物馆，不仅仅是这个院子，我带您看看我们没有围墙的博物馆。"于是我们走出东四胡同博物馆，去看维修保护好的胡同、门楼、影壁。从东四胡同博物馆出来右转，沿着东四四条胡同自东向西，一路看过去，各种经过维修保护的四合院门楼一座连着一座，张志勇主任讲述了如何秉持"原形制、原结构、原材料、原工艺"的原则，维修保护四合院门楼的细节，以及传承东四文化的追求和过程。

张志勇主任所说的"没有围墙的博物馆"，是社区博物馆的特色之处，是指一个特定的文化社区。社区博物馆是以当地居民为主体，而不是以陈列展品为主体，从而使博物馆得以实现"以物为中心"向"以人为中心"的转变。

此次探访东四社区，看到了遵循传统工艺维修保护胡同四合院，自然想到《营造法式》，因此决定前往东四八条 111 号，这里是朱启钤先生在 1952 年至 1964 年生命最后的时光中生活过的地方，这个院子依然保持着原有格局和形式，没有大的改动。朱启钤先生是著名爱国民主人士，民国初曾先后出任北洋政府交通总长和内务总长，代理国务总理。在他的主持下，开放紫禁城前三殿为"古物陈列所"，打通了东西长街，开放了社稷坛、太庙、北海等，把原本属于皇家的领地变成公共空间，变成社会民众的公园。

1919 年初，朱启钤先生退出政坛，致力于社会公益活动，以及对古建筑、古器物的潜心研究，主持整理了北宋传统建筑典籍《营造法式》，并于 1930 年创办了我国第一个研究古代建筑的民间学术机构——中国营造学社，对中国古代建筑典籍及大批古代建筑进行研究，出版了大量学术著作，吸引了刘敦桢、梁思成、林徽因等当时的青年才俊，培养了一批古建筑专家，一起研究中国古建筑中的做法、技艺。百年过去，直到今天，我们依旧受益于他们留下的财富。无疑，朱启钤先生是我国近现代文化发展史中的重要人物，他的故居应作为重要的 20 世纪遗产加以保护。

但是，由于历史原因，朱启钤故居始终未能公布为文物保护单位，破坏行为时有发生。2007 年 3 月，中国文物研究所、北京市建筑设计研究院和北京市东四街道办事处经过协商决定，联合发起对朱启钤故居的修复和研究活动。《我是规划师》节目组访问了朱启钤故居现在的主人朱延琦先生，他是朱启钤先生的重孙，是目前朱家唯一和朱启钤先生生活过的后人。在朱启钤先生故居的柜子上，摆放着梁思成先生来这座院子时的照片。朱延琦先生送给我一套新出版的石印版《营造法式》，当时出版社来征求意见，朱延琦先生提出：要繁体、竖排、线装，以遵循当年书的模样。这种与古为新的精神，同样是留给子孙后代的财富。

东四六条崇礼住宅是东四地区具有标志性的大型四合院，有近10000平方米的用地面积，居住面积为3000平方米。此前为轻工业部的产权，现在为民营企业所有，早在1988年，崇礼住宅就被公布为全国重点文物保护单位，对于传统民居来说这是第一次，同时进入的还有山西襄汾的丁村民宅、安徽歙县的潜口民宅、浙江东阳的东阳民宅、江西景德镇的祥集弄民宅等，它们均是传统居住建筑的典范。我们登上崇礼住宅对面的中医院的楼顶，可以俯瞰崇礼住宅全景。崇礼住宅虽然格局比较完好，但是也经年没有修缮，需要适时开展维修保护。

在东四四条52号住着邬江先生一家，邬江祖上是满族的一个武将，随清军来到北京。邬江先生在东四四条的这个院里出生、长大，目睹了院子的变化。他喜欢旧物，珍藏着祖上的弓箭、字帖、字典等旧物。他记得小时候院里的影壁上有福字，但是后来被拆掉了，于是邬江先生念念不忘，想把这个福字修复回来。40年过去了，此次胡同四合院维修保护，这个影壁和福字修复回来了。在新修复的影壁前面，我感到修复的价值不仅是物质的回归，更是弥合情感，接续记忆。

天色渐暗，《我是规划师》节目组访问了位于东四六条的"花友汇"。胡同居民本就爱养花。为了丰富社区居民生活，营造既能承载胡同味道与四合院记忆，又具活力的街巷空间，东四六条社区创新工作方法，组织居民成立了胡同"花友汇"，把胡同里的花友组织起来，让他们来认养花池、花箱，开展特色文化活动，包括组织树木认养活动，自发种植葫芦、月季等植物，形成了福禄巷、月季苑等一批具有老北京风情的胡同绿色微景观。胡同微景观具有多样性、低造价、实用性的特点，体现了胡同居民对生活品质的追求，对美好生活的向往。

今天胡同花友汇的活动地点就很接地气，经过胡同花友汇老师们的摆弄，这里一树一草、一花一木似乎都有灵性，使人真切地感受到四季的自然轮回。在这里还聚集着多位热爱东四社区，拥有社会服务精神的老邻居们。据说，胡同花友汇已经从东四六条一个社区，拓展到东四街道七个社区，花友也从最初的10来个人，增加到500多人。为了给花友们提供一个学习、交流、展示的空间，东四街道还利用东四六条一处腾退房屋，建起了"花友汇创意空间"，开展葫芦烫画等培训，举办水仙、蜡梅等花展。

历史文化街区更为重要的意义和价值在于其中社会网络的存在，因为丰富的人际交往和具有特色的生活方式，才是历史文化街区的吸引力所在。秋天，东四街道多了一个新的节日——丰收节，满树"咧嘴"的大石榴，一根根垂在空中的长坎瓜，沉甸甸的葡萄串……墙角下、屋脊上、胡同里、小院间，飘散着瓜果的香味。老北京人讲"礼"，谁家种瓜种果丰收了，要和街坊邻居分享，送你一个，送他一个，增进了感情。这个"礼"，就是和谐，瓜果的香味回来了，其乐融融的胡同生活也回来了。老城的胡同街巷里，居民在自家门前窗边种花养草形成的小微花园，被景观设计师称作"自发花园"。

生活在一个健康的社区环境中，可以使社区民众身心愉悦，安居乐业，发挥出自身的潜能，为社区发展贡献力量。同时，良好的社区文化也有利于保持社会的稳定，加强社会凝聚力，促进人们之间的沟通和交流，为社区发展节约许多社会成本。东四社区发动居民广泛参与共建美丽东四、文化东四，唤醒了居民的保护意识，精心保护东四历史文化这张名片，让每个人都是历史风貌保护的拥护者和践行者。

同时，东四社区坚持传承与创新相统一，通过开展各类公众宣传活动，把文化传统、生活习俗、风土人情等保留住、传下来，让城市留下记忆，让人们记住乡愁。近年来，东四三条至八条历史文化街区风貌保护与文化传承工作已成为北京历史文化名城保护工作中的亮点，先后获得《人民日报》、中央电视台、北京电视台、《北京日报》等媒体的正面报道。东四四条胡同更被评为"首都文明街巷""北京最美街巷"。

近年来，东四社区大力创新社会治理机制，在历史街区保护更新中着力构建"人人有责、人人尽责、人人享有"的社会治理共同体。根据社区资料显示，2016 年 6 月以来，东四社区通过 170 余次的"周末卫生大扫除"活动，发动超过 2.4 万人次参与，清理平房院落 424 个，拆除煤棚 150 个，清理杂物、垃圾、废旧物品超过 1600 吨，提升公共空间环境，恢复院落格局，并制定院落公约，在全市范围内起到了良好的示范作用。

此外，东四社区每季度开展"寻找东四胡同记忆"迷你马拉松，连续 11 年组织居民开展"报春"活动，并策划"忆家训、谈家风、促和谐""家书慢邮""居民摄影展"等活动。为了挖掘社区历史、了解地区特点，社区通过走访专家学者和社区民众，查阅大量文史资料，经过艰苦细致的挖掘整理，先后出版《日下传闻录》《东四名人胜迹》等书籍，进一步激发居民参与热情，加深对街区文化的了解，使社区民众和广大公众知东四、爱东四，提升文化自信，形成历史文化街区保护共识。

如今，在东四社区内建立并实施小巷管家、街巷长、网格员等创新制度，组织"小巷管家"带头推动街区违建拆除、停车管理、绿化种植等工作，培育了历史文化街区自我发展、自我更新的能力，实现了社会各界在历史文化街区保护更新实施过程中的共建、共治、共享，在身边宣传胡同文化，提升对东四的认同感。

东四社区的考察行程即将结束，此行使我感受到：历史文脉是社区中最具代表性的因素，是社区文化的灵魂和根基。今天，"让市民走进身边的历史"已经成为社区文化和文化传承的主流。城市中的每一个人的大部分时间，都是在社区中度过，社区的人文环境、自然环境、民风环境、文明程度等，对每一位社区民众都产生着极其重要的影响。如果将改善社区民众日常生活，提升当地居民满意度，保持街区活力和魅力作为出发点和立足点，经过努力社区就可以成为民众幸福的依托，而民众就可以成为社区真正的主人。

今天，社区的文化在传承，居民的生活在延续。历史文脉在社区自然生态和文化生态的长期演变中形成与发展，代表着社区不可复制的历史，体现着其他社区难以模仿的品味。同时也必须认识到，社区的现代化应以满足人的现代化发展需要为中心，而人的现代化发展需要随着时代的进步而提升。今天，社区民众的现代化需要不同于以往时代，不仅表现在物质方面，更重要的是表现在文化方面。因此，社区的现代化发展，必须研究实现人的现代化发展途径，研究社区民众的文化需求。

张志勇主任说，快过年了，我们和街坊们一起团聚一下。于是《我是规划师》节目组来到东四六条的花房，梅花海棠正开，为花房增添了浓浓的春意。东四六条的街坊们正在包饺子，我们加入其中，我年轻时在工厂食堂当过炊事员，因此轻车熟路。大家边包边聊，欢声笑语飘出花房，整个胡同似乎都洋溢着过年的气氛，这就是地道的北京胡同味道。张志勇主任还送给我新出版的介绍东四社区的书，街坊们都在书的扉页上签下自己的名字，然后郑重地交给我，成为永久的留念。

还得是那座老院子

拆迁绝不是目的

北京老城内城根、坛根、古河道周边等地带，多是民国时期和中华人民共和国成立以后逐步发展形成的居民居住区，由于房屋建设质量差，成为老城区内最早出现的危房区域。20 世纪 80 年代，先后采用搬迁、整治的思路，开展了以解决危房、拆除违章、提升环境、恢复区域历史景观为目标的大规模城市整治工程，共搬迁住户超过 1 万余户，在社会上产生了良好的影响。

虽然在 1983 年实施的《北京城市建设总体规划方案》中早已明确"加强和完善全国政治中心和文化中心的功能""城市建设的重点要从市区向远郊区转移""保护古都的历史文化传统和整体格局"等

原则，但是在规划实施过程中阻力很大，保护规划难以落实、执行难的问题突出。特别是北京老城整体保护难以得到落实，部分停留在口号上，人口疏解进展缓慢，违反城市规划的违章建设时有发生，城市建设在北京老城集中发展的局面长期没有得到根本改变。

多年来，"旧城改造"使北京老城受到严重损害。造成这一后果的原因，首先是认识问题，是价值观念问题。在一些人眼里，北京老城内的一些地区成为"脏乱差"的代名词，在这里公共配套不足、绿化环境破损、道路交通不畅、基础市政设施缺乏、卫生设施老化、房屋建筑失修，凡此种种，消解着城市中人们对于北京老城的认同。因此，长期以来存在着一种非常片面的观念，认为胡同和四合院实属陈旧落后的事物，没有什么保护价值，迟早会被现代楼房和高楼大厦所取代。

这种观念和认识也体现在1983年实施的《北京城市建设总体规划方案》中，在"旧城改建"一章中规定：整个旧城的建筑高度以四、五、六层为主，也可以建一部分十几层的楼房，个别建筑还可以再高一点。就是这种认识和这一规定，直接导致在老城治理中对历史街区"痛下杀手"，成片的平房四合院伴随着"旧城改造"灰飞烟灭，大量楼房建筑出现在北京老城，越来越多的传统街道被拓宽为交通干道，这些都意味着大量传统胡同和四合院被鳞次栉比的高楼大厦所取代，人们的记忆荡然无存。

如果说从20世纪80年代开始的"旧城改造"对北京老城保护带来了第一次冲击，20世纪90年代开始实行的土地批租制度，将北京老城大规模改造推向高潮，"建设性破坏"成为老城保护的罪魁祸首。实行土地有偿使用后，城市建设模式发生了巨大的变化，通过房地产开发来带动城市建设的模式全面展开，对老城保护带来了极大的冲击。对北京老城进行"大拆大建"的过度改造做法，不仅破坏了历史环境、地区文脉和场所精神，还导致城市的宜居性和包容性快速降低。北京市自1990年正式开展"危旧房改造"工程以来，大致经历了三个阶段：

第一阶段是1990年至1997年。1990年4月，在全市范围内实施了较大规模的"危旧房改造"计划。解决的是老城内危破程度严重的房屋，这些房屋主要集中在内城的原"墙根"一带，以及外城的原"坛根"附近。1992年，土地批租制度开始施行，房地产开发项目纷纷涌入北京老城之内。至2000年止，全市累计开工危改小区168片，竣工53片，竣工面积达1450万平方米，动迁居民18.4万户，累计完成投资约469亿元。

这一时期，作为"危旧房改造"主要途径的房地产开发，一般采取原地改造建设的方式，就地平衡资金。在1994年至1996年达到了高峰，房地产开发大量介入经济回报丰厚的地段进行改造，暴露出诸多问题。最为突出的是一些改造建设单位为了追求高回报率，在普遍采取"推平头"的拆迁之后，要求提高楼房建设高度和容积率。不断"长高""加密"的结果，是对北京老城传统风貌造成极大的破坏。同时，"开发带危改"一般采用货币拆迁的方式，大量北京老城原住居民不得不外迁到城外，破坏了北京老城原有的居住形态和社会结构。

当城市进入高速发展时期，城市面临巨大的扩张压力。同时，伴随经济体制逐渐从计划经济转向市场经济，以追求市场的最高回报为目的的房地产开发逐渐成为城市建设的主体。房地产市场应运而生，并带动了北京老城土地价值的提升。一些开发建设项目，无所顾忌地大拆大建，致使老城原有的社会组织结构、社会网络及居民间的邻里关系被破坏，导致社区解体，带来了就业困难、人际关系疏远、人情冷漠等社会问题。

这一时期，驱动北京"旧城改造"的因素主要有三个方面。一是经济全球化的发展趋势和我国城市化的快速推进是驱动北京"旧城改造"的重要因素。二是我国城市土地市场逐渐形成，级差地租效应随之增强，地方政府和开发商等相关主体的趋利性对北京"旧城改造"具有驱动作用。三是北京老城内的建筑质量、空间品质和基础设施条件普遍较差，与公众的实际使用需求有落差，也是北京"旧城改造"的驱动因素之一。由此，开发企业追求经济效益的目标与政府追求城市经济发展的诉求一致，因而成为北京"旧城改造"过程中的主导因素。

为加快老城内"危旧房改造"的速度，当时在全市范围内曾实施了以拆迁项目带危改、市政工程带危改、开发建设带危改、道路扩建带危改"四个结合"的规定，即开展多种形式的危房改造工程。这种以建设工程带动并开展的"危旧房改造"，显然是从保证开发建设的角度出发确定的，而不会考虑到传统街巷、胡同、四合院及旧城内的传统建筑的保护，如果仍然继续按照原定拆迁项目、市政工程、开发建设、道路扩建等工程规划实施，北京老城内的历史建筑和传统风貌必然"面目全非"。由于这一时期的"危旧房改造"处于初期阶段，实施区域多在北京老城的边缘地段，与老城胡同四合院保护的矛盾还未充分显现。

第二阶段是 1998 年至 2003 年 3 月。随着我国加入世贸组织和申办 2008 年奥林匹克运动会，北京掀起了一股新的建设高潮。作为"十五"计划重点项目的北京市"危旧房改造"也进入了一个高速发展的新阶段。这一时期"危旧房改造"工程项目之多、动迁改造规模之大、危改速度之快，是自 20 世纪 90 年代北京实施"危旧房改造"以来前所未有的。特别是为以新的城市面貌迎接 2008 年奥林匹克运动会，在全市范围内加快了市政建设的步伐，而北京老城内的"危旧房改造"也成为这一时期的一项"重要而紧迫"的任务。

这一时期，北京市提出在 5 年时间内基本完成全市危旧房改造的计划，其重点是老城内的危旧房，目标为拆除改造危房 303 万平方米，成片拆除 164 片危旧房改造区，涉及居住房屋面积 934 万平方米，动迁居民 34.7 万户。作为市、区政府的一项重点工作，有明确的截止时间要求，因此各区都与市政府就将要实施的危旧房改造项目签订了目标责任书。而这种实施方式导致的结果是，危旧房改造片面追求拆建的数量和速度，而忽视了对城市环境、历史、社会的深远影响。同时，为了推进危旧房改造，部分项目从确定到建设各个环节的决策都比较仓促，操作方式简单。

在这一背景下，从 2000 年至 2002 年，北京拆除的危旧房总计443 万平方米，相当于前十年的总和。"危旧房改造"项目一度基本是成街、成片的规模。"危旧房改造"区内除各级文物、古树和个别建筑予以保留外，基本以推倒重建的方式改造，并简单套用一般居住小区的规划设计模式。随着地价和楼价的持续上涨，社会上形成了要求改造北京老城的巨大经济力量，"旧城改造"也就成为了有利可图的投资"热点"，以成片推到、拆低建高的房地产开发方式持续推进实施。

2001 年 7 月，北京市成功申办 2008 年夏季奥运会，城市建设迎来大发展时期。高层高密度的城市景观正逐渐从北京老城边缘地带向老城中心推进，从局部的几个点向成街、成片蔓延，拆多保少，越拆越快，忽视对古都风貌特色的基本认识和研究，对北京老城平缓开阔的空间形态，以及中轴线、城市景观走廊、传统轮廓线和历史文化保护区等体现古都风貌的精华部分造成进一步的破坏。

在这一形势下，各地政府开始推进新一轮"旧城改造"计划，大量的建设项目，打着"危旧房改造"的旗号，实施大规模商业开发，导致北京老城风貌的完整性遭到了很大破坏，造成了不可挽回的局面，并引发了格外复杂的矛盾，也引发了各类全局性问题。

以往"大拆大建"的改造方式，一般采取"先易后难"做法，而开发企业则"挑肥拣瘦"，率先改造那些有机会整体大规模开发、升值潜力大、居民人口较少、外迁安置难度相对较低的地段，把"肥肉"都吃掉后，最后剩下的则是居住人口最密集、居民生活最困难的地段，由于改造成本过高、牵扯社会问题复杂，而最终成为"烫手的山芋""难啃的骨头"，成为一片片被高楼包围的孤岛，历史街区的生态环境遭到严重破坏，大量传统住宅区域变成了"插花地"，洋杂混居，历史景观早已大打折扣，难以得到有效改善。

一时间，走在北京老城的街道上、胡同中，路边四合院外墙画着白圈的"拆"字一度成为了一道寻常的"风景"。"拆"似乎已经成为不少地区建设的第一步。随着城市建设大规模展开，"危房改造"被理解为"危旧房改造"，致使数以百计的胡同、数以千计的四合院传统民居与其中延续几代的生活环境一起，在推土机下轰然消失、销声匿迹，文化损失十分惨重。"拆"使历史城区丧失了传统肌理，"拆"使历史街区遭到了灭顶之灾，因此"拆"被冯骥才先生斥为"二十年来中国城市中最霸道的一个字"。

在《北京城市总体规划》的指导下，北京市规划院于 1999 年编制完成了《北京市区中心地区控制性详细规划》，并发布实施。控制性详细规划对北京老城的规划建筑高度控制提出了更为细致和明确的要求。但是，老城内的部分改造项目出于对高回报率的追求或平衡建设资金的需要，纷纷提出提高规划建筑控制高度，从而达到提高建筑容积率的目的。同时，建筑高度相互攀比也成为危旧房改造项目突破高度的理由。这一阶段，北京老城内除 25 片历史文化保护区外，在传统平房四合院区域内，列入改造计划的项目达到 130 余片，在改造搬迁的高峰年度，每年从老城内外迁住户超过 3 万户。短短几年内，老城内大量的传统平房区域逐渐被楼房小区所取替，对老城整体保护影响很大，与老城胡同和四合院保护的矛盾异常突出，这一变化引起社会各界的高度关注。不可否认，"危旧房改造"对改善市民的居住条件起到了一定作用。但是，大规模的"危旧房改造"存在的问题也十分令人担忧，尤其是对北京老城传统风貌造成的极大威胁方面。

房地产开发建设的本质，就是利用老城内的土地及空间进行建设，与开发地域上的传统胡同、四合院的保护相互矛盾。因为，房地产开发建设所追求的目标，往往是获得最高的建筑容量和最大限度的建设高度，以增加的建筑面积换取更大的经济效益，因此造成以牺牲传统民居建筑和地区传统风貌为代价的"推平头式"改造。

第三阶段是 2003 年 4 月以后。大规模危旧房改造引起了社会各界的广泛关注和强烈反对。2002 年 9 月，侯仁之、吴良镛、宿白、郑孝燮等 25 位专家、学者致信国家领导，在《紧急呼吁——北京历史文化名城保护告急》中强烈呼吁，立即停止二环路以内所有成片的拆迁工作，迅速按照保护北京城区总体规划格局和风格的要求，修改北京历史文化名城保护规划。2003 年 8 月，谢辰生先生致信国家领导，针对大规模危旧房改造所造成的严重后果呼吁，现在仅存的部分无论如何是不能再继续破坏了。这些呼吁受到国家领导人的高度重视。

2004 年 10 月，吴良镛教授在部级领导干部历史文化讲座上大声疾呼："北京市应采取有效措施立即停止在旧城内的一切大规模拆除'改造'活动，改弦易辙！应转变现有的危改模式，'整体保护，有机更新',拟定新的政策条例,抢救已留存不多的古都历史性建筑风貌保护区,逐步向周边地区转移旧城的部分城市功能,通盘解决北京旧城保护的难题。"同时建议,"旧城行政办公应适当迁出,集中建设,并为旧城'减负'。"他还提出,"旧城功能调整与新城建设规划应配套进行,旧城服务设施疏解到新城的中心,推动新城的发展。北京市政府机关作为表率,可率先迁出旧城,避免旧城内单位的'观望'现象,带动修编后的规划实现"。

北京市深化历史文化名城保护规划,对于老城内的胡同、四合院采取一系列的保护措施,对保存较好的四合院采取挂牌保护的措施,将处于改造区域内的 658 座四合院等传统建筑列入保护之列。更重要的是,对于过去的"危旧房改造"思路做了根本性的调整,从以往对胡同、四合院采取的"改造、建设"转变为"保护、维修"。在这一思路的指导下,延续多年的以"大拆大建"为主要方式的"危旧房改造"工程,最终转变为以维修保护和提升居住环境为目的的实施过程。

2005 年 1 月,国务院批复的《北京城市总体规划(2004 年—2020 年)》提出了"整体保护旧城、重点发展新城、调整城市结构"的战略目标。可是,这一版总体规划的实施并不理想,未能彻底阻止推土机进入北京老城,其中一个重要原因是相当一批"危旧房改造"项目过去已经启动或经过批准,尤其是宣南地区,成片拆除胡同四合院的情况仍然时有发生。于是,一些专家学者呼吁必须迅速叫停北京老城内所有成片拆迁项目,以居民为主体保护修缮胡同四合院,彻底解决私房历史遗留问题，切实保护产权，完善四合院交易平台，复兴城市自然生长机制。同时建立直管公房租户退出机制，保障真正需要保障的居民，在维护社会结构稳定的前提下，合理降低人口密度。

一直以来，合理降低人口密度是北京城市规划执行中的难点。改革开放以来，北京市前后 4 次修订城市总体规划。但是每次新修订的城市总体规划在执行过程中，总是在仅仅几年以后就会率先突破人口控制指标。例如，1982 年修订的《北京城市建设总体规划方案》要求，20 年内全市常住人口控制在 1000 万人左右，1983 年 7 月，中共中央、国务院对《北京城市建设总体规划方案》的批复要求，北京市到 2000 年的人口规模控制在 1000 万人左右。但是 4 年以后的1986 年，1000 万人的规模就被突破。2000 年末北京常住人口达到1357 万人，比城市总体规划的人口控制指标超出 357 万人。[①]

1991 年修订的《北京城市建设总体规划方案》要求，到 2010年北京常住人口控制在 1250 万人左右。但是 5 年以后的 1996 年这一指标也被突破。2010 年末北京常住人口达到 1800 万，比城市总体规划的人口控制指标超出 550 万人左右。此后，《北京城市总体规划（2004 年—2020 年）》要求，2020 年北京实际居住人口控制在1800 万人左右。这一人口控制指标与现实差距更加明显，使城市总体规划的权威性受到严重影响。

---

① 胡兆量.北京城市发展规模的思考和再认识［J］.城市与区域规划研究，2011（2）：1.

针对北京城市建设存在的突出问题，人们概括为"城市病"。"城市病"由交通拥堵、环境污染、空间失序、风格缺失等一系列问题组成。造成这种尴尬结果的主要原因，是城市功能的定位过于繁杂且过于集中，汇总这一时期对于北京城市功能的表述就包括：政治中心、文化中心、经济和金融管理中心、信息中心、交通中心、国际交往中心、旅游中心、高新技术制造业中心。功能的繁杂造成人口不断向北京聚集，人口控制指标难以实现。人口规模是城市总体规划的基础，人口控制指标在规划期内轻易被突破，直接影响城市用地指标、城市基础设施等城市总体规划的科学执行。

2016 年 1 月，北京市又公布了一个棚户区改造计划，相当一批胡同四合院被划入其中，以房地产开发公司为主体进行实施，再次使关注北京老城和胡同四合院保护的人们格外担心。近年来，一些城市在历史街区推行大规模重建或环境整治，试图"打造"文化景观，提升城市的吸引力与文化品位，却对历史街区造成伤害，引发较大争议。一些城市以传统建筑元素进行装饰性的大规模环境整治，一次性成片打造"设计师景观"，脱离了历史真实性与社区生活，对历史街区造成了伤害。在一些历史街区内，出现了大尺度的新建四合院，即在拆除清理后的基址上，成片新建大体量的四合院。这些新建四合院有些被租用于高端办公、酒店、餐饮或商务会所，有些尚处空置状态，但是新植入的功能和使用者总体上是高端人群。

北京老城街巷胡同保护的难点之一是尺度问题。历史文化街区的街巷景观是历史文化的重要载体，一般意义上包括历史街区内反映历史延续性的街巷和胡同的空间、尺度特征，反应不同时代历史痕迹的街道界面特征，以及反映历史传承的其他街巷环境特征。具有历史延续性的街巷和胡同的空间、尺度特征，包括延续自久远年代的街巷、胡同的走向、宽度、宽窄变化、街巷交叉节点的形式特征等。因此，大到街巷的拓宽，小到侵占街巷内部的私搭乱建都会改变街巷、胡同的空间尺度特征。

随着近年来城市的快速发展，特别是机动车的普及，使得老城区内的街巷胡同不堪重负。纵横交错的胡同空间，被随处停放的汽车所占据。造成这种情况的一个重要原因在于，历史上形成的街巷胡同尺度，原本就不是为机动车而设计。如果仅从交通出行的角度考虑胡同的功能，就会片面。因为胡同不仅是北京道路系统的组成部分，是构成历史街区的骨架，是重要的交通空间，还是人们日常依赖的生活环境，是居民们的交往空间，其本质是居住空间的组成部分，是四合院院落的延伸，是从公众场所到私有场所的过渡。

一直以来，有一种观点主张目前北京老城已经面目全非，没有整体保护的必要。认为经过几十年的改造，北京老城内大部分历史街区和传统建筑已经被毁，所残留的文化遗存也已破烂不堪，既然完整保护北京老城的时机已经丧失，不如只保留少数完好的文物古迹，其余全部实施改造。对此，吴良镛教授曾指出："说到底，问题的症结还是因为对50年代的问题未作认真总结。说'时机已经过去了'，其实时机并未过去，桑榆未晚，来者可追。"对于文化遗产保护而言，既没有多与少之分，也没有新与破之分，都应竭尽全力加以保护，国际上的共识是"永远不能认为太晚"。

就北京历史文化名城来说，经过数百年乃至上千年的历史文化积淀，在北京老城内仍然有大量文化遗存，其中不少还保持得相当完好。如北京老城至今仍然保持大面积平缓开阔的空间格局，仍然有大片的胡同、四合院映衬着宫殿庙宇，仍然在地上地下留有大量文化遗产。联合国教科文组织官员在考察北京历史文化名城后建议应加强对北京老城的保护，并且可以将皇城整体申报世界文化遗产。由此可见，北京老城虽然在过去的岁月中遭到一定破坏，但是绝不能放弃对其整体的保护，而应"亡羊补牢"，实施更加积极的保护措施。

长期以来，北京城市发展呈单中心聚焦模式。仅占全市面积不足5%的老城，却集中了城市总量50%的交通和商业。北京老城内商业、金融、服务功能混杂，在有限的空间内，城市功能的高度叠加，不仅导致人口的集聚压力，也造成城市中心区的交通拥堵不断加剧，环境质量每况愈下。同时高容量、高密度的城市建设，使土地过度开发的恶果日益显现，并由此引发违章建设频发、房屋租售市场混乱等一系列问题，影响了城市的科学运行效率。

由于在北京老城内添加了过多的功能，空间需求不断膨胀，有限用地不堪重负，各种城市功能在中心区的集聚过程进一步加速，引发"大城市病"等突出问题。同时，历史文化街区本身的自然衰败，导致区域内出现了老龄人口聚集、低收入群体聚集、低端业态聚集、临时性就业聚集等社会现象，涉及传统文化保护和居民生活状况改善等多方面问题。当务之急，除了疏解人口，同时应分解城市功能，否则北京老城就不可避免地进一步遭到破坏。由于城市功能过度聚集，造成老城整体保护的重重困难；由于大拆大建的改造方式，造成文化遗产和古都风貌的持续破坏；由于缺乏日常修缮和基础设施更新，造成广大民众生活质量的亟待改善。

盲目拓宽道路、建设高楼大厦，对城市肌理、道路格局和天际轮廓线造成持续破坏。20世纪90年代后大规模的城市开发建设所形成的大规模高层建筑，破坏了北京老城整体平缓开阔的天际线，影响了北京老城的整体风貌。历史性城市景观保护的提出，始于2005年通过的《维也纳备忘录》。我参加了这次国际会议，并在会上介绍了中国关于城市景观保护的探索与思考。历史性城市景观保护方法，即在承认城市动态发展性质的基础上，把所有的城市遗产保护对象、城市总体环境与现代建筑，整合在历史性的城市景观之中，并将城市遗产、地域文化和场所精神的保护与传承融于城市发展框架之中，进而将遗产保护作为历史城市发展的动力及文化创造性的源泉。

长期以来，兴建高层建筑成为国内诸多城市的追求。可是，高层建筑要满足日照要求，就必须加大建筑间距，形成"高而稀"的城市肌理，丧失紧凑的城市空间与步行环境，难以塑造宜人的街道与多样性的城市生活。为适应当时的社会发展需要，在北京老城曾采取过"见缝插楼"等一系列工程建设措施，在传统平房区内形成了插花式建设的楼房建筑。由于高速的城市化进程，一些工程项目缺乏对老城风貌形象的考虑和城市设计的引导，导致了城市美感的丧失。同时由于部分建筑在方案设计时缺乏形态秩序的控制，老城内存在较多与传统风貌不协调的"奇奇怪怪的建筑"，严重影响了老城的整体形象。

一段时间以来，一些城市还以大规模改造方式建设仿古街区，破坏了历史街区的真实性与完整性。2014 年，中国城市规划设计研究院的调查显示，约有 1/4 的国家历史文化名城存在大面积"拆旧建新""拆真建假"行为，其中进行古城"整体复建"的城市多达 10 余座。以"拆旧建新"为代表的大规模集中式、运动式的改造，整体搬迁原住居民、成片拆除传统建筑的情况在北京老城也发生过，严重破坏了老城长期积淀而成的生活网络、社会结构和特有的文化氛围，严重阻碍了北京传统文化的有效传承。

北京老城的规划建设，充分体现了中国的传统礼制思想，以及突出的政治、美学、科学价值，北京老城是不可分割的价值整体。如果说城市是一部史书，那么每一个历史时期都有属于城市的一页，这部书是历史的记忆。所以北京老城的历史文化金名片更应该是一张完整的名片。基于这样完整性的要求，北京老城的保护必须通过"应保尽保"来突出"整体"二字。老城整体保护不能仅是保护文物，而是要保护所有能够记录北京老城发展历程、延续中华民族优秀传统文化，以及引领中华民族实现文化复兴的所有有价值的要素，真正地做到保护和延续中华民族的"根"与"魂"。

1979 年，吴良镛教授提出北京老城"整体保护"思想，强调保护的重点不仅在建筑物本身，而是要保护整体环境格局的完整性，保持原有棋盘式建筑网架与街道胡同体系，继承和发展四合院建筑等；

同时指出，北京老城已过于拥挤，必须将其功能向外疏解。进而在菊儿胡同住宅改造工程中开展实践应用，这项工程在顺应城市肌理、控制建设强度、寻找新的合院体系方面取得了重要的成果。有人认为"整体保护已经不可能了"，实际上如果现在能按照专家提出的"微循环"改造的办法，认真做好，不再对北京老城大动干戈，依然不失为一种整体保护。

事实上，自明朝到清朝，整体观念和"一盘棋"思想始终贯彻在北京城的规划建设中。郑孝燮先生认为，中国人对待重要事情，往往习惯于从大处着眼、小处着手，讲究从整体出发，从全局考虑。北京老城是一个整体的、全局的概念和空间范围，不是个体的、局部的概念。目前对北京老城文化遗产的保护，既有《北京城市总体规划（2016年—2035年）》保障老城整体保护的政策引领和刚性约束，更有《北京历史文化名城保护规划》《北京皇城保护规划》等专项规划的标准约束。

中共中央、国务院关于《北京城市总体规划（2016年—2035年）》的批复中指出：加强老城整体保护，老城不能再拆，通过腾退、恢复性修建，做到应保尽保。整体保护意识是北京老城一切工作的基础，通过历史格局的保护、恢复和展示，强化整体空间结构特征。重点保护与风貌协调相结合，传统风貌保护与文化继承相结合。以保护为前提，调整优化老城功能，强化政治和文化职能，积极发展文化事业和文化、旅游产业，增强发展活力，促进文化复兴，推动北京老城的可持续发展。

《北京城市总体规划（2016年—2035年）》提出"加强老城整体保护"的目标，要求"推动老城整体保护与复兴，建设承载中华优秀传统文化的代表地区"。实现北京老城整体保护，一要逐步降低建设密度。根据规划，2035年老城内建筑规模由现状7721万平方米，下降到6500万平方米左右，2050年保持建筑规模不再增长。二要合理降低人口密度。根据规划，2035年常住人口密度由现状每平方千米2.1万人，下降到每平方千米1.5万人左右，老城人口下降到96万人左右，2050年基本保持这一水平不变。其中，根据规划，传统平房区常住人口由现状约57万下降到35万左右。三要逐步改善传统平房区居住条件。传统平房区人均居住建筑面积由现状的12平方米左右，增长至20平方米左右。具体来说：

第一，在逐步降低建设密度方面，老城的房屋建设密度相对较高，建设强度约为中心城其他行政区的2至3倍。在北京老城，目前住宅建筑规模以楼房住宅为主，建筑面积占住宅总面积的83%，承载了老城内约58%的居住人口，人均建筑面积在39平方米左右。平房住宅由于历史原因，以大杂院的居住情景为主，虽然建筑规模占比相对较小，但是房屋数量及承载的居住人口较多，承载了老城约42%的居住人口，人均建筑面积仅11至12平方米，且房屋质量也存在较多问题，综合居住条件较差。同时，平房院落的产权情况也相对复杂，居住类平房建筑中直管公房占比较高，约占总量的30%左右，私产房屋约占18%，其余房屋以单位自管公房为主。复杂的产权关系和管理主体对平房院落的修缮、维护、使用均带来很大困难。

在公共建筑方面，从建筑性质来看，目前老城内公共服务建筑仅占总建筑规模的9%，以教育科研和医疗卫生类建筑为主，文化设施占比相对较低，仅占公共服务建筑的4%。从老城内房屋建筑的建成年代来看，自1949年起，老城的建设规模持续增长，到近十几年依旧保持较高的增长速度。

从建成的结果来看，目前建成于20世纪50年代左右的房屋建筑占15%左右，包含文物建筑及其他具备历史建筑划定条件的建筑须重点加以保护。近60%的现存建筑是在20世纪90年代的大规模房地产开发后建成的，文化设施等公共服务设施的建设量相对较少。在当前背景下加强老城整体保护工作，倡导减量提质发展，是发展理念的根本转变。

第二，在合理降低人口密度方面，实现北京老城发展的良性循环，为生活在这里的居民提供宜居的生存空间、促进古都风貌与文化遗产资源的保护，疏散一定比例的居住人口势在必行。1949年后，北京人口急速膨胀，1956年比1949年人口增加了约3倍。此后，北京老城内常住人口的数量经历了先增后降的过程。2001年北京老城人口达到175万人，之后开始逐渐减少，稳定在135万人左右。近年来，北京老城的人口基本稳定，但是常住户籍人口与常住外来人口数量变化较大。

目前，老城整体居住人口密度在北京市域内处于较高水平。北京老城的常住户籍人口101万，常住外来人口35万。老城内常住人口约占全市常住人口的7%左右。其中以传统平房院落为主的区域约有

26.3 平方千米，占老城总面积的 42%，现状常住人口约 58.6 万人，占老城总人口的 44%，人口密度约每平方千米 2.2 万人，与老城整体水平基本一致，但是远远超过中心城区每平方千米 1.2 万人的平均水平，也高于国际一些城市中心的人口密度。

北京老城的人口密度、建筑密度较大，且由于老城功能高度集聚，吸引了大量的通勤人流，交通拥堵等大城市病较为显著。老城具有显著的集聚特征，建设强度约为中心城区的 2 至 3 倍。同时，与国际都市的核心地区比较，老城的常住人口密度均高于纽约、伦敦、巴黎、东京等世界著名首都。例如，南锣鼓巷保护区的居住密度为 470 人 / 公顷（1 公顷 =10000 平方米），鲜鱼口保护区为 732 人 / 公顷，西四北和白塔寺地区为 316.7 人 / 公顷，均大大高于高密度建设的纽约曼哈顿区的 262 人 / 公顷，更远远高于伦敦内城区的 86 人 / 公顷。此外老城整体的职住人口比约为 1:1，就业人口中约有一半居住在老城外，通勤交通量也相对较高。

第三，在逐步改善传统平房区居住条件方面，目前北京市传统平房区内住房总建筑面积约 854 万平方米，平房人均面积约 12.2 平方米，楼房人均面积约 28.9 平方米，平房人均居住面积远低于全市城镇居民平均住房建筑面积，与全市人均住房 35 平方米、保障性住房人均 20 平方米的规划标准均有较大差距，居住条件未达到基础生活保障要求。

这些房屋普遍缺乏修缮和维护，60% 以上房屋质量较差，居住环境的安全性和舒适性难以保障。以东四历史文化街区为例，街区内质量差建筑占比 10% 左右，质量较差的占比 62% 左右，质量较好的仅占比 28% 左右。此外，平房区内市政基础设施条件非常简陋，卫生设施以公共卫生间为主，60% 以上无院厕，基本没有户厕，绝大多数胡同采取雨污合流制，夏天雨水箅子反味现象明显，卫生环境条件较差。

老城内平房区由于空间形态的特殊性和历史发展等原因，长期以来没有进行系统性的设施改善和环境品质提升，导致目前平房区的人居条件普遍较差，在基础设施、卫生环境等方面均无法实现基础保障，民生改善存在巨大历史欠账。由于总体规划中疏解老城人口策略的实施成效总体缓慢，相对于人口的不断膨胀，北京老城的居住用地和人均住房面积则逐年减少，仍然有大量人口生活在居住条件难以根本改善的大杂院中。

北京老城整体保护规划，针对保护面临的遗产保护、功能完善、民生改善、形象重塑、管理精细化五大问题，重点从五个方面开展进一步规划研究。一是建立与老城价值相匹配的世界文化遗产级的深刻文化认知与全面扎实的保护体系。二是充分利用好核心区功能向"两翼"疏解的历史机遇，为老城整体保护与提升创造条件。三是在疏解背景下优先补足民生短板，用不断改善的宜居环境增强广大民众的获得感。四是重拾老城特有的城市美学与韵律，塑造彰显文化自信与时代精神的古都城市形象。五是将新时代中国日新月异的科学技术和治国理政的科学理念融入城市管理，营造有智慧、有温度的北京老城。

《北京城市总体规划（2016年—2035年）》围绕"建设一个什么样的首都，怎样建设首都"这一重大课题，谋划首都未来的可持续发展。随着北京城市建设用地持续向外扩展，历史城区在北京城市建设用地中所占比例越来越小，并且历史城区内的居住人口也在持续减少，从用地规模和人口规模来看，北京历史城区已经具备了作为"特区"进行统一管理的基础和条件。

　　为此，在2010年全国政协十一届三次会议上，我提交了《关于加强北京历史城区整体保护的提案》。建议调整北京历史城区内的现有行政区划，以二环路为界，将当时分属东城、西城、宣武、崇文四个行政区的历史城区内的用地加以整合，形成统一的中央行政区。中央行政区应该具有独特的功能。

　　首先，中央行政区是我国政治中心的核心地段，要为党中央、国务院在京领导全国工作和开展国际交往提供良好的环境；其次，中央行政区是我国文化中心的核心地段，要为来自全国各地的广大民众享受高雅文化、增长科学知识提供良好的环境；第三，中央行政区是世界著名古都的核心地段，要为国内外来宾领略博大精深的中华传统文化，感受雄伟壮丽的城市文化景观提供良好的环境；第四，中央行政区作为历史城区，还是居民的生活家园，要为广大民众生活、工作和学习提供良好的环境。

杜绝野蛮生长的关键——有机更新

2016 年，中共中央、国务院印发的《关于进一步加强城市规划建设管理工作的若干意见》指出，有序实施城市修补和有机更新，解决老城区环境品质下降、空间秩序混乱、历史文化遗产损毁等问题，促进建筑物、街道立面、天际线、色彩和环境更加协调、优美。通过维护加固老建筑、改造利用旧厂房、完善基础设施等措施，恢复老城区功能和活力。加强文化遗产保护传承和合理利用，保护古遗址、古建筑、近现代历史建筑，更好地延续历史文脉，展现城市风貌。文件中所提出的"有序实施城市修补和有机更新"，对于历史城区保护具有重要意义。

"有机更新"理论，是清华大学吴良镛教授针对我国历史性城市进行长期研究，总结国际城市发展的经验教训，结合北京历史城区保护的实际而提出的理论。20 世纪 70 年代末期，吴良镛教授在组织开展北京什刹海规划的研究时明确提出了"有机更新"的思路，主张对原有的居住建筑根据房屋现状区别对待，即质量较好、具有文物价值的予以保留，房屋部分完好的予以修缮，已破败的予以更新。上述各类建筑根据对规划地区进行调查的实际结果确定，同时强调，历史城区内的道路保留传统街坊体系。

在 1987 年开始的北京菊儿胡同住宅工程中，"有机更新"的思路得到进一步实践，并取得了国内外的广泛关注和高度评价。吴良镛教授在对这一实践成果进行归纳时指出："所谓'有机更新'，即采用适当规模、合适尺度，依据改造的内容与要求，妥善处理目前与将来的关系，不断提高规划设计质量，使每一片的发展达到相对的完整性，这样集无数相对完整性之和，即能促进北京旧城的整体环境得到改善，达到有机更新的目的。"随后"有机更新"理论在苏州、济南等历史城区保护中进行应用，作出了一些有益的拓展。

"有机更新"理论的核心思想是主张按照历史城区内在的发展规律，顺应城市肌理，按照"循序渐进"原则，通过"有机更新"达到"有机秩序"，这是历史城区整体保护与人居环境建设的科学途径。这里所说的"更新"是指在保护历史城区整体环境和文化遗产的前提下，为了满足当地居民生活需要而进行的必要的调整与变化。这里所说的"秩序"是指建立起既有利于保护历史城区的传统特色，又有利于维护原有社区结构的住宅产权制度。

"有机更新"理论丰富了城市更新的理论成果，引起了国际社会的广泛关注，这是人文复兴与人居环境整体发展的途径，符合可持续发展思想。吴良镛教授认为，多种效益的追求可以表述为社会效益、经济效益、环境效益和城市文化效益等的统一。转向小规模、渐进式的"有机更新"路径，"要改变公有产权制度下产权模糊而缺乏激励机制的现状，只有让旧城居民拥有对于产权的控制权，才可能产生充分的自发动力来维护和更新传统建筑，'有机更新'才有望实现"。依靠社会资金，以自助力量为主进行日常维修和小规模整治的机制。

有机更新理论强调社区更新是一个连续的过程，"任何改建都不是最后的完成，是处于持续的更新之中的"，应当妥善处理社区更新中的目前与未来的关系。对于一个地区的更新规划来说，应当区分不同质量的房屋，采用不同的更新方式，尽可能减少更新对城市现有社会经济生活的破坏，既经济，又便于实施。此外，在社区更新过程中，也应当积极应用耗费资源和能源较少的技术手段，使用造价低廉的地方性建筑材料等。传统的社区更新往往都是小规模的连续的渐变，由于它的"人文尺度"而使社区民众感到亲切自然。

针对一段时期以来，城市建设中普遍采取"大拆大建"方式，致使历史街区、文物建筑大量消失的严峻形势。吴良镛教授认为，旧城整治应避免"运动式"的更新。"运动式"的更新指一次投入，按照"一次到位"的标准进行"推平头式"大规模改造。避免传统运动式的"大拆大建"，可以给历史城区内居民一个稳定的预期，使物质形态健康的转变和社会形态有序的转型结合起来，实现对历史城区保护和价值的追求。

我一直以来反对"旧城改造"和"危旧房改造"的提法，虽然这些提法长期以来在城市建设领域被广泛使用。"旧城改造"的问题在于，将拥有千百年文化积淀的旧城，仅仅定位于"改造"的对象，而忽视对传统社区进行保护和采取"有机更新"的方式加以整治。"危旧房改造"的问题在于"危""旧"不分，如果说房屋危险，出于解危的目的需要改造的话，那么大量传统建筑仅仅因为年代悠久，就要被彻底改造吗？可喜的是，近年来越来越多的城市放弃了大拆大建的"旧城改造"和"危旧房改造"方式。

我于 2016 年在全国政协十二届四次会议上，提交了《关于在历史城区保护中推广有机更新理念的提案》，建议应及时转变大规模"旧城改造"和"危旧房改造"的旧有模式，在历史城区保护中推广"有机更新"的理念，抢救已留存不多的历史街区和传统建筑。"有机更新"理论鼓励小规模、渐进式、微循环的更新方式，即根据城市与建筑空间发展的小尺度、多样性、有机性和整体特征，对历史城区现状中存在的许多复杂问题进行具体细致的分析，在整体统一的原则下，通过灵活机动的处理方法，解决各种问题，在保持城市渐进发展的过程中，提高人们的生活环境质量和最大限度地保护历史城区的历史人文环境和风貌特色。具体内容包括：居民住房条件的更新、改善，传统居住区的就业、生活与工作环境的改善和提高，历史城区中商业街区的复兴与文化产业的发展。

　　历史城区最大的资源就是原住居民。以往"大拆大建"改造方式的最大问题，就是丢弃了原住居民，其中很多人已经在这里居住了几十年。中国社会发展到现在，尊重每一个社会个体。目前，北京市在疏解非首都功能的大背景下，严控增量，只能从存量上挖掘可能性，转而采取一种更加理性的"有机更新"模式。

　　建筑师方可先生在《当代北京旧城更新》一书中，根据"有机更新"理论及其实践，归纳认为："'有机更新'从概念上来说，至少包括以下三层含义。1. 城市整体的有机性：作为供千百万人生活和工作的载体，城市从总体到细部都应当是一个有机整体，城市的各个部分之间应像生物体的各个组织一样，彼此相互关联，同时和谐共处，形成整体的秩序和活力。2. 细胞和组织更新的有机性：同生物体的新陈代谢一样，构成城市本身组织的城市细胞和城市组织也要不断地更新，这是必要的，也是不可避免的。但新的城市细胞仍应当顺应原有城市肌理。3. 更新过程的有机性：生物体的新陈代谢遵从其内在的秩序和规律，城市的更新亦当如此。"

建筑和城市历史学家柯林·罗的经典著作《拼贴城市》写于第二次世界大战后西方城市大规模更新改造时期，他借助城市拼贴的方法来反思当时大规模的推倒重建导致的单一城市空间，这些历史教训应该作为我们目前城市更新的借鉴。第二次世界大战后不久，西方国家就经历了持续大规模建设时期，普遍展开了由政府主导的"城市更新"运动。当时确定的目标是消灭低标准住宅、振兴城市经济、建造优良住宅、减少城市隔离。但是，"城市更新"运动遵循《雅典宪章》所倡导的功能主义，将社会现实理解得过于简单，大拆大建式的城市更新并未能使城市融合为一个有机整体，不但使城市失去了有机性和延续性，而且使新的社会隔离又随着重建更多地产生出来。

在这一背景下，许多社会人士对简单、粗暴、大规模的城市更新，以及城市开发建设中的急功近利做法进行了猛烈的抨击。为了保护长久以来所形成的邻里关系，为了保护良好的社会环境，居民们创造性地组织了各种称之为邻里保护的运动，抗议那些破坏人居社区和邻里关系的城市更新改造项目，维护自身的正当权益，并在专业人员的帮助下，寻找在保护原有社区文化的前提下，倡导重塑人文尺度的社区生活和追求精明增长的城市发展模式。

修缮后的四合院

如今，走在北京大街小巷，随处可见的情景是：青瓦绿树的胡同被四周毫无个性的高楼包围、挤压，仿佛是一片片随时都会被吞食的孤岛。肖复兴先生感叹："高楼越盖越高越盖越多，并不能代表北京城，那很可能是另外一座城市的拷贝。相反，如果胡同和四合院灭绝，就彻底失去了老北京的文化色彩和北京的魂儿。"

虽然全世界都知道胡同和四合院是北京文化的标志，但是我们如果不加以妥善保护，若干年后，什么是胡同，什么是四合院，那里的生活如何，恐怕没有多少人能够回答得出。事实上，今天居住在历史城区中的大部分居民，已经无法体验真实的胡同居住方式，无法感知真正的四合院生活，从而也无缘与胡同和四合院建立起亲密感情。然而，当成片的胡同和四合院从城市的版图上消失后，人们会感受到消失的不仅是胡同和四合院，而是社区民众世世代代的文化传统和生活模式。在一次演讲中，郑时龄先生曾借用古希腊哲学家赫拉克利特的话表述城市更新的方向："城市更新就是努力去营造看得到和看不到的和谐，这种和谐是现代与历史的共生。"

历史城区的魅力来源于文化不断地生成和延续的有机生长过程。历史城区长期作为居民生活空间，应包括两方面内容：物质形态和文化生活等精神形态。历史城区的变迁需要时间与文化的积淀，只有采取"有机更新"的机制，才能有效地保护和恢复历史城区风貌。历史经验告诫未来，在历史城区的更新过程中，必须注意保护赖以生存的传统特色，注意保护人们熟识的街巷格局，注意保护历史空间尺度和民居建筑，这些对满足人们日益增长的精神需求无疑具有十分重要的意义。

小规模、渐进式、微循环的改造方式，在保护实践中具有明显的灵活性。这种改造方式与"大拆大建"的大规模改造相比，在改造的目的、改造的主体、资金筹措等方面有着较大的区别。它有利于保护历史城区的文化环境，有利于居民对改造的积极参与，有利于减轻改造带给政府的经济负担，减少和化解社会矛盾。在保留历史城区传统风貌、街巷肌理和传统建筑的基础上，改善当地民众居住条件，使这些历史城区真正成为宜居社区。

完整的历史城区往往体现出时空连续性和文化延续性。历史城区体现出来的文化延续性，以及由此产生的文化魅力，来源于稳定延续的社会结构。这种社会结构形态包括社会组织结构、社会网络结构和传统的生活居住等形式。积极稳妥的更新模式应该是适合当地具体社会经济状况的、充分听取公众特别是当地居民意见的、循序渐进的、注重差异化和分散化的更新模式，而不是主观和强制性的、一厢情愿的、过于刚性的、"一刀切"的集中拆迁改造模式。应探求"有机更新"的新途径，以自助力量进行小规模整治与改造。

城市的新陈代谢，是一种逐渐的、连续的、自然的变化，应遵从其内在的秩序和规律。历史城区是特殊类型的文化遗产，也是广大民众日常生活的场所。历史城区的保护，必然是个动态过程，不可能冻结于某一时段。历史城区保护的成果应惠及全体民众，通过加强传统民居建筑维修，完善生活基础设施，改善社区生态环境等措施，提高居民生活质量，增强历史城区的吸引力。"有机更新"理论不仅积极探索新的城市设计理念，并且努力将可持续发展战略具体运用到历史城区保护与更新的实践之中。

进入 21 世纪，社会公众的文物保护意识日益增强，一些历史地段的改造项目都会引发巨大的社会争议。但是，小规模、渐进式、微循环的有机更新模式，也受到一些质疑，有人称其不适合"迫切需要保护和改造的较大保护区的保护"。历史城区的有机更新和房地产开发有本质的不同。房地产开发是一个产权人，一个主体，对一个区域进行统一的建设，然后再把一个统一的产权分割为若干单元产权，整个过程都是由一个主体实施运作。有机更新则完全不同，面对的是区域内的居民，他们都是产权人。因此就不能不考虑原住居民的诉求，也不能不去尊重他们的想法，必须与产权人建立协商机制，而且要在产权高度分散的情况下，探索如何去有效地实现更新，形成新的秩序，同时又能找到资金平衡的办法。这种有机更新的过程虽然进展缓慢，但使原住居民拥有了选择权。

相比之下，在政府财政和居民收入都有限的情况下，将政府与居民的积极性结合起来，建立"细水长流"的投资模式，既能解决房屋修缮的现实问题，又能妥善处理历史街区的长期保护，避免了"千城一面"的城市景观，可以产生独具魅力的效果，是一种有效的解决方法。实际上，在居民中蕴藏着改善住房条件的极大积极性，只有明确住房产权关系，而且明确房屋所在的历史街区今后不再实施大拆大建，居民住户才能积极主动地考虑自有住房的修缮问题。

探求"有机更新"的途径，应根据历史街区保护规划和政策的要求，发动社会力量，特别是社区居民，以自助力量进行小规模整治与改造。其优点在于：有利于城市的新陈代谢，保持城市的多样性；有利于住宅产权及住房制度的改革，促进城市的可持续发展；减轻政府的财政负担，实现社会财富的增值。为此，应根据不同历史街区内传统民居院落的具体情况，制定有关政策和多种实施模式，改革现有房屋管理的体制。

实践证明，传统社区不应是城市发展的静止片段，也不应是残破建筑的僵化堆积，更不应该成为城市社会发展的包袱、城市环境改善的负担、城市规划建设的绊脚石。历史街区保护必须与社区发展紧密结合，唤醒社区民众文化自觉和公共事务参与意识，这将是今后历史街区有机更新与文化传承的主要途径。因为无论是保护还是有机更新，其着眼点都是如何使生活更美好、环境更宜人、文化更繁荣。一些历史街区恢复良好的居住功能，既将建筑留下，又将居民留住，使当地居民拥有现代化的家庭居住条件。不但为历史街区注入活力，而且注重延续传统文脉和"生态环境"；不但使当地居民安居乐业，而且使访客也乐于来此参观体验。近年来，在城市更新和老城保护实践中，"织补"日益成为一种能够有效延续和保护城市肌理的城市设计技巧。"织补"是一种形象的说法，吴良镛教授曾形象地用"百衲衣"来比喻有机更新。他认为，老城区那些构成城市肌理的老建筑，可以顺其原有纹理加以织补，关键是新织补的"补丁"一定要延续老城的历史风貌，让新旧元素有机融合，避免"假古董"式的生硬拼贴。

城市更新不应是强制性、快速的，而是渐进性、可生长的过程，使历史街区延续着传统文脉走向未来。这种增长模式，可以营造出更加宜居、和谐的城市发展体系。传统四合院通常容纳一个家族式大家庭，构成城市的家庭基本单元。而随着现代社会结构逐渐向小家庭单元转化，需要寻求新的空间模式以适应不同人口数量和空间需求的小家庭单元，正如大杂院中呈现的不同人口、空间的多户共存情况。因此，这种新空间模式既非大杂院，也非传统大合院，而应是不同规模的居住单元及其聚集而成的"小合院群"。

永续的是温情

我从小生活在北京老城，在胡同里长大。在四合院里，我学会了说第一句话，也是在四合院里，我学会了走第一步路。在前后 20 多年的时间里，我一直居住在北京中轴线两侧的四合院民居内，曾经居住过 4 条胡同的 4 处四合院，这些四合院分别在今天的东城区和西城区。那时胡同里面的生活节奏慢、很安静。院内各家很早就关灯睡觉，早晨很早起床，大家几乎按一个作息时间安排生活，与现在是两种完全不同的生活方式。由于享受并体会过四合院住宅的恬淡与平静，对于四合院的生活比较熟悉，我也特别喜欢胡同幽静的居住环境。

2020 年 1 月 2 日，《我是规划师》节目组来到美术馆后街。韩

胡同中幽静的环境

小蕙老师对这里有精彩描述：美术馆后街在绿树掩映的皇城根绿化带上，在金碧辉煌的紫禁城之畔，是景山公园东邻，是王府井大街的终点，是中国美术馆的后院。美术馆后街虽然是现代地名，但是这条街道历史悠久，与古老的北京城一样底蕴深厚。元代为安贞门街的一部分，属蓬莱坊，忽必烈曾在此处为道教正一派传人张留孙建崇真万寿宫。明代为安定门大街的一部分，属保大坊。清代册封给了正白旗，雍正年间建亲王府，同治年间为荣安固伦公主府，光绪年间改称大佛寺西大街。1973 年正式更名为美术馆后街，直至如今。

在美术馆后街 80 号的四合院里，我度过了 8 年在工厂务工的美好时光，也留下了深刻印象。在这里我积极备考走进大学课堂；在这里我骑自行车接回了自己的新娘，并在四合院内邀请亲友举办了婚礼；在这里我收拾行装出国留学，回国后开始从事城市规划工作；在这里居住期间，孩子出生，我当了爸爸……

在我们居住的这座四合院里，北京人民艺术剧院拍摄了八集电视连续剧《吉祥胡同甲 5 号》，据说这是第一部反映北京四合院生活的电视连续剧。由此可见，这组四合院的典型性，也使我们得以重新审视自己居住的四合院文化空间。住在前院的老邻居们，北屋的毕奶奶一家和张大妈一家、东屋的杨大爷一家、西屋的赵叔叔一家和南屋的安叔叔一家、苗阿姨一家也都成为了客座演员，北京人民艺术剧院的演员李婉芬老师、王姬老师在四合院里和居民们说说笑笑，记录下四合院生活的和谐景象。

我长期在四合院里生活，既有着深深的眷恋，也深知居住其中的种种不便，更能理解居民改变生活状态的迫切心理。美术馆后街 80号是一组典型的传统四合院，分为前院、中院和后院。过去应该是有经济实力的人家所建。但是，在"文化大革命"挖防空洞时期，前后院之间的门廊被拆掉，院子变得更大了。20 世纪 70 年代初，我们住进这里时，这里早已成为了"大杂院"，前中后三个院子住着 20 余户人家，仅前院就住着 7 户人家，北房两家、东房一家、西房两家、南房两家。

当年，我和母亲住在前院西房的南端两间，其中一间是 12 平方米的房间，另一间是 8 平方米的平顶房子用作厨房，结婚以后 10 余天我出国留学，母亲也就可以住得比较宽敞。1984 年我回国以后仍然住在这里，只是将原有的厨房当作了住房。一年以后儿子出生，不久又增加了一位帮助看孩子的小阿姨，于是 8 平方米的房子一下子就变得格外拥挤，晚上房子中间拉上一个帘子，爱人和小阿姨中间睡着孩子，我睡在帘子外面。夏天还好，一到冬天，房子中间还要增加一个炉子。后来母亲执意把 12 平方米的房间让给我们住，她改住在 8 平方米的小房间，当时母亲已经快 70 岁了，我心里很是过意不去，母亲看着我们住得宽敞一些却很高兴。

住在四合院中自然有一些不方便的地方，但是时间一长我也获得了一些生活智慧。例如，前院 7 户人家共用院子中的一个水龙头，每天要早一点起床，起床后第一件事既不是刷牙，也不是洗脸，而是一定要先倒孩子的尿盆，否则人们起床刷牙时，就不好意思再倒尿盆了。每天晚上都要认真封火，否则半夜火灭了屋子里格外冷。记得有一次在三九天偏偏火灭了，孩子冻得直哭，爱人一边抹着眼泪，一边抱着孩子去住楼房的姥姥家暂避一时。

当然，住在四合院里的幸福感也是难以忘记的。全院几十口人就像一个大家庭一样，邻里们关系十分融洽，人与人之间、家庭与家庭之间和睦相处，见面总是要热情打招呼，谁家有困难尽管说，大家帮助解决。出门买个菜、打瓶酱油、理个发、送个朋友都不用锁门；谁家抬重的东西，大家都会搭把手；谁家有人不舒服，大家忙着联系车、送医院。院子里拉着几根铁丝，便于洗好的衣服晾晒，谁家都可以使用，互相谦让。如果有外人走进院子，谁都有义务问一声，找哪家。特别是 1976 年 7 月 28 日凌晨，唐山发生了 7.8 级地震，我家居住的房屋后墙被震垮，垮塌下来的砖瓦居然封堵了邻院的巷道。为防余震，全院在院前的城市道路上居住了一段时间，我也在这时学会了搭建防震棚。那段时间各家不分你我地生活在一起，真正感受到"远亲不如近邻"的含义。

四合院院落是邻里之间的共享空间，每天晚上人们下班回家，院子里就热闹起来。院子中一棵大槐树的浓密绿荫遮盖了半个院落。北京四合院适宜于绿树的点缀，而能形成亭亭如盖景观的，莫过于槐树。槐树绿叶周期长，花香淡雅，也适合北京的土壤和气候环境。正是由于这样的特点，槐树从元朝时就成为了北京的当家树。胡同四合院是北京的特色，国槐是北京的市树，那么胡同四合院加国槐就成为"最北京"的景观。四合院里的槐树多为老树，更有味道，也更能代表北京老城的风韵。人们在树下纳凉、嬉戏、下棋、聊天。

夏天的晚上，大槐树下面，各家老人孩子都拿了竹躺椅、折叠椅、马扎、小板凳，围坐在院子中间，从世界大事到国内新闻，从工厂生产到生活变化，再到柴米油盐，天南地北地聊天，有着说不完的话题，这也是北京四合院的交往特点。有好电视节目的时候，大家都钻进有电视机人家的房间，不用客气。当胡同里开来装满白菜或白薯的卡车，人们就会不约而同地从家里带着小车、麻袋、箩筐，在车前排起长队。

在四合院里，大家都相互熟悉，充满了浓浓的人情味，使人感到非常踏实。每当夏天看着院里的老人们在大槐树底下乘凉，每当冬天看着院里的老人们在向阳的山墙边晒太阳，我就感到岁月仿佛在胡同和四合院里凝固了起来。敬老爱幼、邻里关爱、包容礼让等传统美德，始终洋溢在四合院的每一个角落。在这里，邻里街坊彼此关照、谅解、宽容，从未看到过邻里红脸打架。如今，过了这么多年，四合院的气质似乎从未改变，当年怡然自得的生活场景仍然历历在目。因此有人说，胡同和院落格局是四合院文化的"形态"，而邻里间的真诚相处是四合院文化的"神态"。

我回到了美术馆后街 80 号院，这是多年以后的归来。首先看到大门洞里一排排的电表，感到院内的住户有增无减。我在院子里四处观察，希望找寻到曾经的记忆碎片。如今，曾经宽敞的前院已经被东房和西房的住户搭出来的自建小屋占了大半，南房则被财经出版社所征用，掏墙打洞，面对大街开了书店。院内老房的屋顶大多已

美术馆后街 80 号院

换成了水泥瓦。前院的大槐树已经不在，被一棵补种的小一些的树所替代，相信多年以后它可以用绿荫再次覆盖院子里已经留下不多的空地。

杨景隆先生迎接了我，他是东屋杨大爷的大儿子，还有两位女士，一位叫寇云淑，另一位叫王秀丽，他们的样子我不记得了，但是一说起来还是认识的，她们两人都是嫁到这个院里的邻居家的儿媳妇，只是那时候她们还年轻。经了解，前院的几位老邻居，毕奶奶、张大爷、杨大爷，还有赵叔叔都已随着岁月流逝而驾鹤西去，如今院内各屋已经变了主人，都是老邻居的第二代、第三代。在这个冬日里，面对着如此凋敝的老院，不免有些伤感。好在，在这里还是见到了几位老街坊。

拜访老邻居（周高亮摄）

寇云淑女士是东屋杨大爷的儿媳妇，她热情地招呼我进屋里坐一坐。由于房前搭建了小屋，室内有些昏暗，但是颇有文化气息，墙上挂着书画，桌上摊着绘画用具，堆着一些常用的药品，还摆放着一件乐器——筝。寇云淑女士告诉我，她退休以后在家里进行绘画创作，参加社团组织的书画展览，并在文化馆的绘画培训班传授绘画，感到生活很充实。她给我展示了最近的绘画作品，还赠送给我制成的绘画团扇。我走出房间的时候了解了一下自建小屋的用途，既用作厨房，又有卫生间，还可以淋浴，生活方便了不少。

从东屋出来，王秀丽女士又招呼我进了北屋。我意外发现苗阿姨坐在屋里，她老人家已经80多岁了，是仍住在前院里的唯一一位长辈。苗阿姨一家原来住在南房，因为财经出版社的征用，搬到了北房，生活空间有所改善。苗阿姨虽然已经高龄，但是还能帮助儿子看护孙子，自己也受儿媳妇的照顾，一家四口相依为命，其乐融融。见到老邻居唠唠家常，回忆了不少过去院里的生活故事，苗阿姨也介绍了近20年来院里的变化。

快到中午，要告别了。在走出院子的时候，遇到了久违的刘阿姨，她家原来也住在南房，现在搬到了城外住宅区居住，但是儿子一家还住在院子里，刘阿姨经常来儿子家探望。刘阿姨今年也已经80多岁了，身体还很硬朗，十分健谈。于是又聊了一些院里的往事。临别时我给了刘阿姨一个拥抱，实际上，这是给老院子的拥抱。恐怕这就是所谓的"四合院情结"，是对自己成长空间的眷念，是对亲人和朋友们的思念。胡同四合院里值得留恋的是浓浓的暖暖的人情亲情，

拜访老邻居（周高亮摄）

是幽深的宁静的庭院生活，是淳朴的乐观的民风民俗，也是对传统文化的传承与坚守。

这些年，这座四合院的风景发生了很大变化，但回到这里，当年生活的场景仍然历历在目。永远忘不了四合院里街坊们海阔天空的神聊，忘不了四合院里醉人的鸟语花香，忘不了大槐树上闹个不停的知了，忘不了每天下班进院街坊之间那句亲切热情的问候。这份情怀，只有久居胡同四合院才能获得。每当面对着那些被风雨岁月剥蚀了的老墙，那老槐树浓荫下油漆斑驳的宅院大门，心中就会油然生发出一种缅怀之情，那是一种久违了的心境，顷刻之间就会被唤醒，唤醒的是对往事的追忆。

记得在大学时代，我曾有很长一段时间在异国他乡的城市生活，非常想念北京的胡同四合院，想念父母、亲人和老邻居们，想念胡同中初夏槐花的清香。这就是属于我的乡愁，身居国外，胡同四合院在回忆中变得异常美好。这些年，北京胡同四合院有了很大的变化，乡愁中的许多地方都早已不复存在，已经成为永不回来的风景。取而代之的是钢筋水泥的高楼大厦、闪闪发光的玻璃幕墙、拥堵的交通和成千上万喧嚣轰鸣的汽车。城市变得越来越陌生，越来越难以辨认，早已不是童年时代所见到的模样。想起那些已经消失了的胡同，不免有些伤感，因为再也看不见胡同中变幻的四季景色。我们失去的不仅仅是胡同建筑本身，同时也失去了相关的文化与价值观，还有那平和、自在悠然的生活方式。

北京传统四合院是经过数百年历史检验的居住形式，适合北京地区的环境气候、文化传统、生活习俗。经常听到人们说北京四合院建筑不适应现代化生活，对此我不认可。实际上四合院这种居住建筑，适合不同年龄、不同职业的人们生活居住，老人居住在四合院里十分安静，孩子们居住在四合院里非常安全。不同职业、不同生活方式的人们在四合院里都能找到适宜的空间。但是长期以来，大量四合院受到不公正的待遇，被人为叠加上太多不合理的压力，过密的居住人口使环境不断恶化，年久失修更使传统民居面目全非，生活基础设施落后使人们生活不便。实践证明，如果这些问题得到改善，四合院仍然是人们喜爱的居住形式。

离开居住在四合院的生活已有多年，但是胡同和四合院一直是我的心结，我始终关注历史街区的保护利用和胡同居民的生活状态。每当看到或听到又有一条胡同或一座四合院消失的消息，总有一种悲情涌上心头。在我的记忆深处，早已烙印上永远的四合院情结，这甚至成为我内心对于城市记忆最敏感的地方。我想一旦胡同和四合院消失，北京当地民众独特的生活方式也就会随之消逝。

2019年12月24日，《我是规划师》节目组走进宣南地区。清代因为"满汉分城"政策，在宣武门外逐渐形成了一个以汉族朝官、京员和士子为主的社区——宣南。这一地区是北京历史城区内文化遗存最集中、最丰富的地区，是古都悠久历史文化的重要组成部分。这里发现了大量古河道、古渠道以及辽金时期的道路和建筑遗址，拥有极其丰富的地下文物埋藏。侯仁之先生曾题词："宣南史迹，源远流长，周封蓟城，金建中都，古都北京，始于斯地。"吴良镛先生也认为，在北京历史文化这幅长卷中，宣南史迹因历史久远、类型众多、内涵丰富而具有特殊的价值。戴逸先生则认为宣南地区是"京师文化之精华"。

所谓宣南文化，指的是以北京建城建都起源地、明清时代的京师宣南地域为生长土壤，当地民众和各地游子所形成的文化形态，也是见证北京城发展、凝结北京人智慧的京味文化。这里曾经聚集了很多名流、名士、名宦。一代代的文人士大夫在"宣南"雅集交游、诗酒唱和，为宣南增添了富有文化魅力的人文景观。可以说，宣南文化主要包括：以琉璃厂地区悠久文化为代表的书香文化，以文人荟萃及其重大文化成就为代表的会馆文化，以京剧为代表的戏曲文化，以厂甸庙会、天桥功夫为代表的老北京民俗文化。

在北京的文化版图中，宣南地区是绕不过去的存在，那里见证了北京历史的源远流长，存在有北京建都之始的辽金都城形成的街巷遗存和地下遗址。历史上，宣南地区的形成发展与北京城的建立和不断扩充基本同步。作为北京老城最早的居住区，与前门外地区，特别是各地物资流通、商业信息和人员交流汇集地的大栅栏地区联系密切，形成了独具特色的地域文化。

以北京宣武门外、菜市口为核心的外城街区，是中国会馆的发祥地。明永乐以来的数百年间，这里先后建有近500座会馆，当年参与编纂《四库全书》的4200多位清代学人多在会馆居住，文化繁盛，是北京文化遗产最为密集的区域之一。会馆是同乡或同行聚会议事的场所，还接待同乡官吏和羁居京城的同乡或同行，也是科考士子临时免费居住的地方。各省和重要的府、州、县在京都有会馆，众多的文化名流和地域轶事往来其中，显示出国都独特的文化凝聚力。不少会馆也是名人故居，留下了许多名人名事的记忆。宣南地区的各地会馆融合了不同地区的风俗气质，形成了北京独特的移民文化并延续至今。

北京的会馆分为四类：一是专供来京参加会试士子居住的，通称试馆；二是主要供在京官员或名人长期居住的，经常占用一院；三是主要供高端人群集会议事的，多有祭拜的祠堂；四是主要供行业议事的行业会馆。《宸垣识略》记载乾隆时京师有会馆182所，光绪《顺天府志》记载有567所，1937年《北平游览指南》记载为323所。

北京的会馆在1949年尚存391所，作为公产全部上交国家。经过60多年的改造拆除，现存252所。

重要会馆中建有戏楼，是会馆建筑的重要特征，宽敞的戏楼既可以在其中演戏，又为议事集会提供场所。戏曲名角多在会馆戏楼中演出，许多政治性集会也在这里举行。宣南地区有5所戏楼遗存，包括安徽会馆（位于后孙公园胡同）、湖广会馆（位于虎坊路）、阳平会馆（位于小江胡同）、浙江钱业会馆（正乙祠，位于西河沿）、颜料会馆（山西平遥会馆，位于青云胡同）。有一些会馆至今仍是国内甚至海外同乡寄托乡愁的所在，是他们聚会交流的场所。

现存的252所会馆中，大多数已成为居民杂院，失去了原有风貌，但是传统格局尚存，可以恢复原状。只有少数会馆列为文物保护单位，目前已经修缮完好或已启动腾退修缮的有安徽会馆、湖广会馆、阳平会馆、浙江钱业会馆、颜料会馆、湖南会馆、潮州会馆、粤东会馆、台湾会馆、中山会馆、临汾会馆、南海会馆等，应当继续扩大保护范围，经过深入调查将更多的会馆列入保护之列。会馆属于公产，原来也是公共建筑，腾退修缮后原则上都应该向公众开放。它们中大多数可以成为社区公共文化设施，有着充分可利用的空间。

经过几百年的沉浮，宣南地区逐渐褪去了昔日的繁华。对历史街区的衰落，人们关注更多的往往是景观环境的衰败，实际上同样不能忽略的还有胡同四合院内沉淀的历史和文化内涵。这些胡同所联系的不仅是传统民居建筑，还有居住在胡同院落中的男女老少。居民与胡同四合院相互辉映，相互融合，弥散在胡同院落里人们的悲欢离合、喜怒哀乐，最终集合成为北京老城的故事。

在历史悠久的宣南地区，胡同－四合院呈现出独特的风格，也承载着历史、政治、社会、地理、人文等方面的多重内涵，现在看来似乎平淡无奇的街巷，实际上过去曾经是精英荟萃、影响深广的街区，随着时光流逝，其价值会愈加突显，所以应当予以保留。20 世纪 80 年代以后，由于大规模的城市建设项目的实施，这一地区的胡同日益遭到破坏，胡同和四合院开始迅速地消失。

宣南地区历史街区的状况，引起了专家学者和当地居民的忧虑。因为胡同四合院是宣南文化的重要组成部分，它们的大量消亡，严重地影响历史文化的传承。为促进北京宣南文化遗产的保护，我在 2008 年全国政协十一届一次会议上与 44 位全国政协委员联名提交了《关于加强北京宣南地区文化遗产保护的提案》，提出三点建议：

一是加强城市考古工作。开展城市考古是城市化过程中加强文化遗产保护的重要措施。宣南地区是典型的"重叠式"的城市地区，拥有大量地下实物遗存，是研究燕京地区发展的重要考古资料，可为北京的城市规划、文化发展、历史研究和城市建设提供重要的基础性资料和直接证据。建议将宣南地区整体列为地下文物埋藏区，并加强相关城市考古工作。采取措施加大对地下文化遗存的保护力度。在该地区进行城市建设工程时，严格执行相关法规，在实施建设工程之前开展必要的文物影响评估，以及考古调查、勘探、发掘和保护工作，将地下文物保护列为该地区建设工程项目立项审批时的前置条件。同时加大与相关规划、建设部门的密切配合和沟通，争取理解和支持，为开展城市考古创造良好的工作环境。

二是加大对会馆建筑的普查和保护力度。重点做好宣南地区会馆建筑的全面普查、登记，确定其历史渊源以及历史、艺术、科学价值。对于具有一定文物价值的会馆建筑，应根据其价值公布为相应级别的文物保护单位，并采取强有力的保护措施，加大文物本体维修力度，改善文物周边环境，根本改变这一地区会馆建筑的保护状况。同时建议按照《北京城市总体规划》和国务院有关批复精神的要求，积极探索旧城保护和更新的模式，停止大拆大建式旧城改造，坚持小规模、微循环、渐进式的有机更新原则，赋予会馆建筑以新的文化功能，融入市民文化生活。

三是开展宣南老字号的研究和保护。宣南地区不乏闻名遐迩、各具特色的老字号名店。将老字号的保护和发展纳入各项规划之中，在分区规划中突出老字号的地位和作用，对老字号集中区域进行重点分析，建立相应的法规和管理规定，对有特色的传统商业街区和有价值的老字号，通过立法的形式加以保护。特别是对拥有50年以上历史的老字号给予特别关注，作为重点保护对象。涉及国家重点建设工程和重要市政工程，确需对老字号实施拆迁的，也应在规划中给予重新选址安排，并尽可能考虑安排在原址附近。对于那些具有行业代表性和极具地方特色，但因不合理拆迁而消失的老字号，应逐步加以恢复，重新挂匾开店。

以北京老城为代表的中国古代城市，以统一规划著称，建造实施分工明确。住宅以居民为主体按照统一的设计理念兴建，生成宏大有序的住宅建筑规模，并形成了统规自建、流水不腐的生长机制。根据《元史》记载，元大都建设时"诏旧城居民之迁京城者，以赀高及居职者为先，仍定制以地八亩为一分；其地过八亩或及力不能作室者，皆不得冒据，听民作室"，即以八亩地为宅院单位，以居民为主体进行建设。

实际上，"听民作室"并不意味着建房者可以随心所欲，而是对于房屋的造型、体量、装饰等均有严格限制。在这些住宅设计导则的约束下，居民又可按照各自偏好，因地制宜，各筑其宅。这样的统规自建活动，能够充分发挥各方积极性，形成风格统一、秩序井然、内涵丰富生动的城市景观。而"听民作室"则节省政府在住宅方面的投入，形成协同共建机制。这样，自古以来的城市住宅建设智慧，即保护房屋产权，建立有序的不动产交易租赁秩序，依靠居民的力量进行修缮、更新，使房屋质量得以保持，值得借鉴。

中国城市固有的生长机制，在中华人民共和国成立后得到继承。20世纪50年代初期，政府部门对房地产重新登记，发放房地产所有证。到1953年底，北京市清查城区及关厢房屋，共登记119万多间，其中私房占67%。1954年，国家保护公民的合法收入、储蓄、房屋和各种生活资料的所有权。

1958年，北京市对城市私人出租房屋实行经租政策，将城区内15间或建筑面积225平方米以上的出租房屋、郊区10间或120平方米以上的出租房屋，纳入国家统一经营收租、修缮范围，按月付给房主相当于原租金 20% 至 40% 的固定租金。据《北京志·房地产志》记载，1958 年北京市经批准纳入国家经租的有 5900 多户房主的近 20 万间房屋。"文化大革命"时期，私房产权进一步受到冲击。1966 年 9 月，固定租金停止发放，房主被迫上交房地产所有证。

2003 年北京市采取有力措施，基本解决了"文化大革命"遗留的"标准租"私房问题，但是"经租房"问题悬而未决。长期以来，经租户不断要求归还产权，但是未能获得解决，经租房难以上市流通，成为突出问题之一。应该看到，被经租的房屋，均是新中国成立后经过房地产登记、发放了房地产所有证的合法房地产，经租政策是特定历史时期的产物。在当前宪法规定公民的合法的私有财产不受侵犯的情况下，应以适当方式，妥善解决经租房这个历史遗留问题。也只有这样，才能明确房屋产权，为建立流水不腐的四合院产权交易租赁机制，创造条件。

"文化大革命"后落实私房政策经历了较长过程，仍未彻底解决。1982 年宪法规定"城市土地属于国家所有"之后，国家土地管理局于 1990 年提出"公民对原属自己所有的城市土地应该自然享有使用权"，1995 年又在《确定土地所有权和使用权的若干规定》中提出"土地公有制之前，通过购买房屋或土地及租赁土地方式使用私有的土地，土地转为国有后迄今仍继续使用的，可确定现使用者国有土地使用权"。长期以来，北京市对这类土地的使用权予以确认、登记，相关部门认为其属无偿划拨，在旧城改造中更可以无偿收回，而四合院所有人认为当初是连房带院一并购买，理应享有整个院落的土地使用权，以致争议不断。

由于私房的基本权益得不到保障，更不知何时被建设项目所拆迁，所以所有人无心并无力对房屋进行维修；另外还有一些出租的私房，由于出租的对象、承租人应付的租金往往由政府指定为"标准租"，所有人自然也就没有能力承担维修的责任。上述情况无疑加速了四合院状况的不断恶化。同时，大量直管公房也未得到应有的维护、修缮与管理，私搭乱建、人户分离、违法转租转借、使用权违法交易等问题普遍存在。大量的公有住房由于房租很低，房管部门不能保证房屋必要的维护，更谈不上住房条件的改善和建筑风貌保护。

北京市社会科学院 2005 年发布的《北京城区角落调查》显示，原崇文区辖内的前门地区，人户分离现象严重，"户在人不在"情况普遍，占常住人口的 20% 以上，个别社区外迁人口占 45% 以上。人户分离者，多是在外居住的直管公房承租人，虚高了平房区实际居住人口数量。许多房屋并不为户籍人口实际居住使用，这些房屋或被出租营利或被长期闲置。在实施"危旧房改造"大规模拆迁的背景下，一些非产权人在区外拥有第二套住宅之后，通常对"危旧房改造"抱有强烈愿望，因为一拆迁即可将不属于自己的房产变现为补偿款收入私人囊中。

长期以来，对北京老城胡同街区执行的是拆迁改造政策，被划入"危旧房改造"区的房屋产权及户口一律冻结，市场交易停止。未被划入"危旧房改造"区的房屋，在"大拆大建"的背景下，亦是无人敢修、无人愿修，更无人敢买、无人愿买。房屋交易租赁停摆，意味着新陈代谢停止，于是老城不能呼吸，房屋质量急剧恶化。

综上所述，北京老城的房屋衰败与公共政策的缺失密切相关，称之为"政策性衰败"并不为过。"政策性衰败"需要通过制定政策来解决。对此《国际城市规划发展报告》指出：应该理解，住宅权利之稳定，乃住宅生命之"源"；住宅市场之公正，乃住宅生命之"流"。一个城市欲"源远流长"，此道不可偏废。由于住房保障长期滞后，加剧了"大杂院"问题。在"先生产、后生活"的计划经济时期，住房供给短缺，四合院住宅承担了过高的居住人口密度；在市场经济时期，住房保障接济不力，四合院内的人口密度得不到有效疏解。

推行产权制度改革，实现居民自主交换产权并维护和改造房屋，就是解决问题的一个重要方法和关键环节。实现"改善居住条件"和"保护传统文化"两方面的共赢，不仅是"建筑设计"问题，也不仅是"设施更新"的问题，更不是仅靠强行推动的短期行为所能解决的问题。只有深入分析存在问题的根源，寻求制定长期有效的政策和方法，才能根本解决两方面之间的矛盾。

基于制定长期有效的政策和方法，有经济条件并且希望改善居住水平的住户，可以通过收购住房来改善居住条件，当居民拥有房屋产权之后，居住是否拥挤，有没有厨房、卫生设备，如何进行生活条件的改善，自然而然地变为居民自己家里的事情；而出售了房屋的住户，可以通过获得双方自主买卖的资金而疏解出去，同样可以改善居住条件；而那些既无经济能力改善居住条件，又不希望搬离原住房屋的居民，仍然可以选择留在原地，因为这也是他们应有的权利，这样才是真正实现了居民自主选择。当然，仅有居民自主选择是不够的，还要加上政府的政策引导和支持。一是根据政府的财力积极安排基础设施改造。二是制定对房屋传统风貌加以维护、修缮和改造的技术标准及相应的补贴政策。

《北京城市总体规划（2016年—2035年）》明确提出加强老城整体保护，强调"保护北京特有的胡同－四合院传统建筑形态，老城内不再拆除胡同四合院""通过腾退、恢复性修建，做到应保尽保"，在整体保护的政策趋势和社会共识下，北京老城更新逐渐从"大拆大建"的危改拆迁模式，转向协议腾退下的微改造模式。协议腾退通常是老城居民以自愿为原则，与国有的政府前端企业签订协议，腾出房屋并获得补偿。国有企业进而通过对已腾退院落及房屋的改造和运营，在保证国有资本基本权益的基础上，开展老城人居环境改善和疏解提质的相关工作。

近年来，菜市口西片区一度成为北京老城居民关注的地区。人们将目光聚焦于这里的原因是，2019年6月西城区对菜市口西片区启动了老城保护和城市更新试点工作，这里成为北京第一片实施"申请式退租"项目的平房地区，也是北京市首次尝试通过"申请式退租"的方式疏解和改善历史街区居住环境。居民可按照个人意愿，申请直管公房腾退或恢复性改善，被称为是关于老城保护的一次创新之举，即"菜西模式"。最令我好奇和担心的是，菜市口西片区的项目主体，是一家企业。城市更新的工作能不能落在企业头上？企业能不能肩负起这样的责任呢？

《我是规划师》节目组访问了位于门楼巷的金恒丰公司办公室，公司负责人赵长海先生介绍了他们的工作：符合条件的老城居民自愿与恢复性修建片区实施主体签订腾退协议，并获得补偿，实施主体进而对已腾退房屋进行恢复性修建，并开展运营管理。

赵长海先生告诉我，他们过去没有任何的拆迁腾退经验，而且这里又是全市第一例推出"申请式退租"的试点，当时在启动之前确实非常焦虑。居民填的每一张表，怎么去设计？就是怕在退租过程当中，因为政策制定的不严谨，出现什么重大的漏洞，导致"申请式退租"试点的失败，就没法交代。同时，菜市口西片区"申请式退租"项目成功与否，还在于在政府授权的期限内，能否把全部的投资回收，只有这样这种模式才有推广价值，才有复制价值，赵长海先生强调。

菜市口西片区居民多为几代在此居住的老北京，目前老龄化现象严重并有继续加重的趋势，居民多为中、低收入者，经济自我发展能力较差，时至今日，还有很多居民在胡同中忍受着生活的种种不便。现在的选择是既可以保持在原地居住，又可以加入"申请式退租"。对于不愿意离开的居民，还可以选择"申请式改善"，申请式改善就是居民可以选择原址改善或者迁移至其他院落。

申请式退租让政府、企业、社区民众站在了同一立场，实现同一目标：政府希望找到一种模式，引导胡同生活的升级，改善社区的环境，让更多的居民享受到老胡同里的现代生活。政府将菜市口西片区的公房托管给企业来保护、改造、运营，赋予了这一项目可持续性。企业可以在一定的程度上进行运营，以此来回收前期疏解居民的成本，完成可持续的更新，让历史文化街区焕发持久的活力。

在赵长海先生的引领下，我走访了几处正在实施"申请式退租"的菜市口西片区的四合院。包括西砖胡同15号院、门楼巷14号院、永庆胡同17号院，见到了几位社区居民。第一位是西砖胡同15号院的韩凤秋先生，他在这里已经居住了70年，对于这片地区的一砖一瓦都很熟悉。他爱好历史文化和热心公益事业，退休后在故宫博物院做了10年志愿者，为观众义务讲解。韩凤秋先生说还是头一回见到这个院子这么空旷，几户邻居已经选择离开这里，随着年龄的增加，他也希望晚年住进生活方便的楼房，如今他所居住的房屋已经完成退租，即将离开熟悉的胡同生活，入住新家。

韩凤秋先生告诉我，这里的很多居民即将入住南四环的新楼房。他的邻居石玉华一家，夫妇都是盲人，生活状态更加困难：上厕所不方便、居住空间狭小、通风条件差、冬冷夏热，因此，通过"申请式退租"方式，可以满足他们改变生活状态的迫切愿望。

另一位是张文亨先生，是永庆胡同17号院的居民，今年也已经74岁，他们兄弟7人里只有他一辈子没住过楼房，对于平房生活的不方便早已厌倦，他最大的愿望就是"住楼房"。他希望能够到弟弟们居住的南苑附近居住，多一间房子，儿女们来到家里也可以有落脚的地方。他说能够在人生的最后几十年获得住楼房的机会，一定不能错过，于是成为了菜市口西片区第一个签字同意退租的居民。虽然幸福来得比较晚，但终究还是来了。由于从未有过住楼房的经验，他还特地叫上细心的儿媳妇，帮着他们老两口一起看新房，全家畅想着未来的生活，谋划着住宅装修的方案。

还有一位是焦岭波先生，也是永庆胡同17号院的居民，现在已经退休，对从小住的院子有感情，家里人口少，在室内还安装了冲水马桶和淋浴设备，认为生活条件已经改善了不少，就选择在老房子里居住，他是院子里唯一自愿留下来的住户。焦岭波先生告诉我，院子现在有一个好听的名字，叫"京韵邻里"，将来会变为一间平房主题公寓，他将来会成为这间公寓的"管家"，为新进入的居民服务，还能获得相应的收入。

赵长海先生介绍说，很多平房区的居民，都有住上楼房的强烈愿望。那么"自主申请"就是这个项目的出发点。"申请式退租"之前，他们安排了一个月的宣讲，主要是为了让居民了解，过去靠拆迁一夜暴富的时代已经一去不返。现在的选择，保持现状或者也可以实现在原地改善，或者选择"申请式退租"。"申请式改善"也是不可或缺的形式，对于不愿意离开，选择"申请式改善"的居民，可以选择原址改善，或者选择迁移至其他院落，居民可以在改造菜单中选择喜好的样式，金恒丰公司负责按照居民意愿进行安排。

赵长海先生还告诉我，西城区在菜市口西片区第一次采用了企业托管的办法，政府给予金恒丰公司50年的授权，负责管理菜市口西

"焕新"中的四合院（周高亮摄）

片区，完成这一地区的退租、保护、改造和经营。在禁止增量发展的前提下，还应该保持这个地区的活力。希望今后这个地区有丰富的业态，不同院落有各自不同的功能，以及不同的用户定位。

在西砖胡同可以看到一栋"新建筑"，钢结构的屋顶、通透的落地玻璃、开阔的使用空间。这栋建筑虽然有明显的现代美学特点，但是就建筑体量来说，在胡同里还显得比较得体。据介绍这是社区的公共空间。公共空间里的布局，将会按照居民的需求进行设计。在一次责任规划师召开的会议上，多位居民在责任规划师的帮助之下展开想象。居民将自己需要的功能模块进行拼接，模拟公共空间的未来。

四合院不仅有物质层面的价值，在文化和精神层面的价值也不容忽视，传统四合院体现了老北京的生活氛围，人对于历史街区同样是重要的因素。缺少原住居民的生活氛围，将削弱历史街区的活力，所以不提倡将原有居民全部迁走。希望通过"申请式退租"方式，能够使不同产权、不同居住意愿的居民均获得满意的结果。如此这样可以避免传统运动式的大拆大建，给居民一个稳定的预期，使物质形态健康的转变和社会形态有序的转型结合起来，实现对历史街区保护和情感价值的维护。

据统计，目前北京核心区约 1/3 文物被作为大杂院不合理占用。列为全国和市级文物保护单位的 15 座王府中，仅恭王府经过近 30 年腾退实现对外开放，其余 14 座现为办公场所、学校、职工住宅。人人都说拆迁是"天下第一难"，而文物腾退更是难上加难。文物腾退难的因素很多，一是产权关系复杂，有公产，有单位产，有私产；二是使用形式多种多样，有政府，有企业，有居民。同时，不合理占用者若拒不搬迁，政府也无计可施。突破口选在直管公房。所谓直管公房，是指在市、区两级房屋行政主管部门或经政府授权的单位名下的公有房屋。西城、东城两区的 719 处不可移动文物中，约 1/3 是直管公房。由于产权人是政府部门，所以容易进行协调。

20 世纪 50 年代以来，为适应当时经济社会形势需要，在老城的历史街区，局部拆除了原有的胡同、四合院，建设了一些生产性的企业厂房、库房、生产车间、单位办公楼和职工住宅，以及相当数量的居民简易楼。这些建筑与传统街巷景观格格不入，始终影响着胡同和四合院保护区的整体风貌。经历了半个世纪的演变，如今这类建筑中的大部分，或房屋危险，或结构老化，已不适应企业发展和单位使用需要，居民简易楼更已经成为危楼，目前大都面临更新建设问题。这类建筑的更新与改造，应严格按照北京老城保护和历史文化街区保护的规定，不应再在原址重新进行大体量建筑或楼房的重建，而应该削减建筑面积，直至拆除这些现状厂房、库房、生产车间、单位办公楼，重新恢复四合院建筑及胡同街巷。

今天我站在菜市口西片区的高点，眺望这片区域。我想应该把时间的尺度再放宽，去思考未来 20~30 年的胡同状态。那时的胡同生活，居民会有哪些进一步的现实需求？那时老城区人口年龄分布将会是怎样的？那时胡同内居民生活和各种业态之间应形成哪些新的合作机制？如何能够使胡同内的居民过上更方便、更体面的生活？这些并不是留给未来的问题，而是当下需要超前思考的内容，使胡同和四合院成为城市发展的有机组成部分，使历史文化街区因生活延续而伟大，使传统建筑因居民存在而精彩。

与此同时，在东城区开展了雨儿胡同"申请式腾退"试点工作。雨儿胡同全长 343 米，东起南锣鼓巷，西至东不压桥胡同，是一条东西走向的胡同。胡同现有院落 38 个，其中公房院落 23 个、私房院落 7 个、单位产权院落 8 个，占地面积 2.4 万平方米，原有常住居民 228 户。通过申请式腾退，腾退居民 120 户、366 人，涉及腾退院落 22 个，其中公房 17 个、私房 5 个，交接房屋 205 间、3053 平方米；另外，通过简易楼腾退 24 户。共计腾退 144 户。目前雨儿胡同常住居民有 84 户。根据腾退情况，雨儿胡同 38 个院落中涉及修缮整治院落有 19 个，清理整治 8 个，3 个院落整体规划正在进行可行性论证，8 个院落保持现状。

此次在雨儿胡同试点工作中，共拆除违法建设 160 间，建筑面积 1446 平方米，亮出了院落公共空间，还原了院落规制格局，恢复了院落传统风貌，改善了居民居住环境，为修缮整治打下了良好的基础。同时，完成 111 套厨卫浴设施的安装和改造，完成排水管道改造，安装化粪池及污水处理设备，并接入市政管线。全面完成院落铺装、房屋修缮、强弱电线路入地等工作，切实改善了院落生活环境，提升了留住居民的生活条件。并且对腾退空间重新规划利用，补充街区功能，植入"社区议事厅"等公共活动空间和"四合院公寓"等功能，为胡同注入新活力，形成和谐"共生院"。

在这一过程中，完成了胡同主路铺设、便道铺装；完成了胡同强弱电线路架空入地消隐，亮出了胡同天际线；完成了墙面清理修补、胡同和院落景观布置等。拆除了沿街雨棚，更换了窗罩、花箱。制定了全市首个历史文化街区机动车停车规划，率先在雨儿胡同实行禁停措施。雨儿胡同原停放 41 辆机动车，通过深入细致的居民工作和有效的执法保障，机动车均停入了指定停车场，实现了胡同不停车，根本优化了胡同出行环境，同时安装了停车非现场执法设备，并将照明灯杆与监控灯杆合为一体，加强对禁停工作的常态化管理。雨儿胡同公共空间环境获得显著改善，实现了风貌优美、环境整洁、秩序井然的"安宁街区"。

作为探索老城历史文化街区保护复兴的试点项目，修缮整治工作没有全套的成熟经验可循，面临诸多难题和政策瓶颈。为此，在雨儿胡同建立起开放空间讨论等机制，举办了 6 次雨儿胡同美好生活开放空间讨论会，围绕胡同环境、便民服务、小院公约等充分征求留住居民的意见建议，根据居民需求和实际情况筹划布局"居民议事厅、公共客厅、老年餐桌、社区自助角"等便民服务功能，织补社区公共服务，改善民生，并有效增强了居民参与社区治理工作的积极性和能力，为形成共建、共治、共享的社区治理格局打下了良好的基础。

在雨儿胡同试点工作中，运用协商参与式的工作方法，积极加强政策研究，不断探索政策创新，创新推出了全市首个"申请式改善"政策体系，研究制定了雨儿胡同留住居民"申请式改善"实施方案、私房修缮补贴口径、单位自管公房院落修缮整治提升工作方案等，为统筹推进胡同修缮整治提供了政策保障，也为探索老城历史文化街区更新提供了借鉴。对于腾退后的房屋，由区政府收回房屋所有权，授权直管公房管理单位作为实施主体办理审批手续，为后期运营利用积极创造条件。

在总体思路方面，确定"整体规划、织补功能；还原规制、精细修缮；修旧如旧、保护风貌；分类施策、改善民生"的原则。严格落实城市规划要求，深入研究考证每个院落自清乾隆以来不同年代的演变过程，保护好胡同肌理和院落格局。坚持"一院一方案、一户一设计"原则，要求规划师、建筑师驻场设计，进胡同、进院落、进家门，充分征求居民意见，根据历史街区风貌保护要求和居民实际需求，精细化制订院落设计方案、胡同公共空间精细化提升方案和排水排污设计方案，让居民参与自家院落房屋的设计，让设计方案充分体现居民意志，处理好风貌保护和民生改善的关系。

探索精细化保护性修缮和恢复性修建的实施方法，在市级部门的指导下，遴选了3支具备古建筑修缮资质的专业队伍，按照北京老城房屋保护和修缮相关技术导则，严格把控施工工艺和材料做法，匠心修缮。出台了北京市第一个加强老城房屋修缮中老构件收集利用的管理办法，加强老砖、老瓦、老构件的妥善保护和整理利用，做到"修旧如旧"，让胡同、居民留住记忆、留住乡愁。严格落实现场安全生产、质量管理、环保降尘等各项要求，规范现场秩序，保障施工安全和质量。

城市最宝贵的品质即多样性，大规模城市改造是多样性的天敌，应该珍视城市固有的价值，老城的人口结构、路网肌理、复合功能、房屋供给是多样性的保障，这些价值应该延续于新的城市发展之中。让老城区在保护与复兴之间找到平衡，为人们找回乡愁寄托的平台，也为人们提供盛放情感的容器，更好地发挥城市记忆凝结和文化传承的作用。传统建筑的衰败不仅是简单的物质问题，而必须关注传统建筑衰败背后的社会问题，才能对症下药，充分保障居民的权益，保持社区生活的延续性，实现社区复兴、城市复兴。提高公共服务能力，保障原居民的权益，维持社会结构的稳定，维护社区文化传统，保持社区生活延续，应成为老城保护与复兴的重要原则。

城市现代化是历史前进的方向，历史街区也应当在保护整体风貌、历史载体和文化内涵的基础上走向现代化。历史街区保护的成果应惠及全体居民，通过加强传统建筑维修，完善生活基础设施，改善社区环境等措施，提高居民生活质量，增强历史街区的吸引力。通过历史文化保护区保护，可以创造出和睦相处的居住氛围，体现出人与自然和谐相处的先进哲学理念，经过历史的长期演变，成为适合当地自然和人文环境，以及家庭特点的居住环境。

第三篇

建筑的起承转合

东四六条
67

必须传承下去的

记忆里的一砖一瓦

2020 年 12 月 7 日清晨,《我是规划师》节目组一行在景山东街集合,林荫大道的一侧是景山红墙,市民们已经在公园里晨练。几年前,景山东街还非常热闹。由于故宫博物院实行南进北出以后,观众从神武门出,这条原本十分幽静的街上,游客越来越多,沿街开墙打洞,出现了不少商铺,一些经营活动干脆延伸到了人行道上。如今通过清退违规建筑,沿街立面维修,开展环境整治,景山东街终于"静"了下来。近年来,景山街道开展了 80 条街巷胡同的环境提升,根据展现皇城景观风貌的原则,对每条街巷胡同都制定了准确的功能定位、风貌要求和整治要点。

在从景山东街走向三眼
井胡同的途中，见到了景山
街区责任规划师阎照女士。
我们一行走进三眼井胡同，
拿出手机扫描胡同口牌子上
的二维码，获得了三眼井胡
同的介绍。三眼井胡同呈东

三眼井胡同一角

西走向，东起嵩祝院西巷，西至景山东街，南与大学夹道相通，北与
吉安所左巷、横栅栏胡同相通。清朝属皇城内，乾隆时称三眼井胡
同，因胡同内有一口三个井眼的井（亦有说法：今之二眼井、三眼井
胡同就是由二连井、三连井演变而来的，并不是一口三个井眼的井，
而是三排连房之间的一口井）而得名。1965年整顿地名时将二眼井
并入，改称景山东胡同，1981年复称三眼井胡同。现在这条胡同虽
然没有了井眼，但是建筑风格整体划一，成为景山街区的最美胡同
之一。

这里是北京皇城保护区，历史文化资源非常丰富，是北京老城的
面子区域，也是能够体现古都历史厚重感的区域。景山街道区域内有
很多古建筑和名人故居，在深入挖掘历史文化特色的基础上，通过扫
二维码的形式，可以使人们在行进的过程中，随时了解历史知识，因
此被誉为"流动的胡同博物馆"。如今，让历史街区真正"活"起来，
必须要通过互联网的手段，采取更具科技感、时代感的方法，吸引社
会公众，特别是年轻人的关注和喜爱，因此要给历史文化保护区建立

传播平台，让它们成为老城历史中的"网红"，才能让更多的人认识它，了解它，从而保护它，传承它。

三眼井胡同东口有个百年老宅，拥有精美的如意门砖雕刻花，据说是老城胡同中最漂亮的砖雕。虽然精美的砖雕在历史变迁中得以完好保存，但是一度被防盗窗等遮挡，无法被清晰地观赏。此次胡同环境提升过程中，设计团队在详细研究砖雕的历史价值与原始建筑风貌的基础上，改善砖雕周边环境，通过更换其他样式的防盗窗、整理立面管线、消隐空调室外机等方式规整立面，使得砖雕要素得以凸显。结合座椅的设置，为居民提供休憩空间的同时，达到"让雕花秀出来"的目的，体现出三眼井胡同的历史感。

三眼井胡同里精美的砖雕（周高亮摄）

长期以来，由于对传统文物认识上的局限性，造成四合院建筑类文物的保护没有得到应有重视。随着20世纪90年代"危旧房改造"的铺开，大量四合院建筑类文物出现遗失现象，有的甚至流入了市场。因此，出台相应完善的法规，充分体现执法的严肃性和充分的可操作性，从根本上杜绝北京老城四合院建筑类文物的流失现象。同时，随着市民爱护文物、保护文化遗产的觉悟日益提高，四合院建筑类文物丢失现象也有所减少。

我曾多次访问位于先农坛的北京古代建筑博物馆，这是一座收集、研究、展示传统建筑技术、艺术形态及其发展的专题类型博物馆。根据立馆宗旨和发展定位，北京四合院建筑类文物的收藏是北京古代建筑博物馆重要的工作范畴。为此，该博物馆从1995年起安排专时、专款，有计划地对北京老城范围内已登记为拆迁区的地域进行调查，以点带面逐渐铺开至老城的各个角落，基本上摸清了隶属于四合院建筑类文物的存量，以及不同种类文物分布特征。

根据北京古代建筑博物馆调查结果统计，北京四合院建筑类文物资源，主要涵盖以下几类：一是石类，包括门墩、滚墩石、石敢当、拴马桩等；二是木类，包括楹联门、门簪、雀替、垂花门木刻、木格扇、地罩，其他木构件等；三是砖瓦类，包括戗檐砖雕、博缝砖雕、如意门砖雕、象眼砖雕、房脊砖雕，以及瓦当、滴水、砖门额、匾等；四是杂类，包括门钹、铁饰件、象眼泥制图案、地沟门等。经过调查，北京老城范围内的四合院建筑类文物资源总量上限为400余处，每年还在减少。

房脊砖雕

瓦当

其中，珍贵的四合院建筑类文物一是木格扇、地罩，在北京老城范围内已发现的数量上限仅 10 余处；二是石敢当，这类文物多是旧时辟邪镇宅之物，理应存世不少，但是经调查北京老城范围内存世数量上限为 30 余处；三是拴马桩，老城范围内存世仅 22 处，最大者 1.8 米，多为青石质地；四是门簪、雀替，旧时为住宅大门上具有实用及装饰双重作用的构件，目前门簪仅见个别古语内容或富贵牡丹图案，绝大多数门簪图案已遗失，雀替也已经剩下不到 10 余处；五是四合院门楼象眼或正房廊下象眼泥质图案，这类文物具有较强装饰性，目前仅有几处存量。

门墩可以说是存量最多的四合院建筑类文物，形态多样，内涵丰富，但是多数门墩人为破坏严重，加上质地原因，存在较严重风化现象，因此存世的完整、精美的门墩数量很少。砖雕存世数量虽然比门墩少，但是比较完整，有的在"文化大革命"中被住户抹上青灰泥，客观上使砖雕避免了风化破坏，如今去除灰泥，反而崭新如初。就完好程度而言，东城、西城旧时多王府和官宅，因此汉白玉质地的官式门墩较多。

今天，在推进社区营造的过程中，如何全面挖掘文化资源，维护历史文化特色，是必须考虑的问题。其实对于普通社区居民来说，他们不一定意识到祖祖辈辈居住的地方、那些司空见惯的建筑构件也是文物，都有可能对文化研究、历史传承具有不可替代的作用。因此要通过保护行动和宣传，使每一位社区居民都了解，这些老祖宗留下来的文化遗存不仅不能被丢弃，而且还能够传承下去，在新时代焕发出新的生命力。因此，必须构建完善的保护体系，共同传承城市历史文脉，做到应保尽保，最大限度留存社区中有价值的历史信息。

作为文化遗产的保护者，我们有责任有义务把一点一滴的文物价值和历史信息都保护好。随着工作的不断深入，我们对历史文化街区的了解也就不断深入。正如侯仁之先生所说："知之愈深，爱之弥坚。"随着对文物价值了解越来越多，对文化遗产就愈加热爱，就越来越珍惜它们。如果前辈们在过去时代创造的文化财富，能够经过我们的手，经过我们的时代，健康地传给下一个时代，传给子孙后代，使社区历史的链条不断裂，不间断地传承下去，才是历史街区和文化遗产保护的真正目的。

四合院中的每一细微之处都有其丰富的文化内涵，是取之不尽的地域文化宝库，可供子孙后代们体验、享受和传承。舒乙老师认为：四合院有它光荣的传统，有美学上的价值，有建筑学上的价值，有人文上的价值，有居住上的价值，还有它非常先进的思想，那么它不应该被当作一种落后的东西，被历史所淘汰。

20 世纪 80 年代以来，北京市文物部门和规划部门合作，通过大量调查研究，将一批批四合院民居列入文物保护单位，但是今天回望这一进程，做得还很不够。在持续的大规模城市建设中，保护行动始终处于被动状态。今天，应该千方百计地把幸存下来的传统四合院保护起来，留住北京地域文化特色，而且赋予了它们新的生命。

"恢复性修建"是补救性保护措施，而非主要保护手段。恢复性修建是指对传统格局和风貌已发生不可逆改变，或无法通过修缮、改善等方式继续维持传统风貌的区域，依据准确史料，对传统格局和风貌样式进行辨析，选取有价值的要素，可采用新材料、新技术、新工艺，进行传统风貌恢复的建设。恢复性修建的目的是加强与现存传统风貌的协调或重现传统空间形态特征，如高度特征、第五立面特征、街巷尺度特征等，而非一味复古、仿古，或要恢复到某一特定历史时期的样貌。

历史建筑维修保护是一项精细的工作，需要下绣花一样的功夫。目前，"慢工出细活儿"这种保护与维修的理念，正在应用于北京老城胡同四合院保护更新。北京市东城区以雨儿胡同、帽儿胡同、蓑衣胡同、福祥胡同 4 条胡同为试点，探索老城保护复兴的新路径，推出"申请式改善"工作模式。整条胡同四合院保护更新过程，不是"平地起高楼"的做法，而是用"燕子垒窝"的恒心、"蚂蚁啃骨"的毅力，恢复院落传统规制格局，留住乡愁和文化，留住老北京原住民，同时让人们过上现代生活。设计师和专家们组成 8 个工作营和顾问组，根据历史文化保护区风貌保护要求和每户居民家中的不同空间特点，为雨儿胡同编制了 24 套院落的设计方案，以及公共空间精细化提升方案和排水排污设计方案。

在胡同四合院保护更新实施过程中，充分挖掘老材料、老构件的历史价值和实用价值，保留胡同老味道，留住老北京的记忆，让人们在新建筑中感受到传统与传承。例如，老房上拆下来的柁、檩、柱、椽、板、枋、连檐、瓦口、瓦条、老砖，具有艺术价值的石雕、砖雕、木雕等，有着鲜明的时代特征。因此，严格实施人工保护性拆除，减少对原有建筑的损坏，对拆下来的老材料、老构件集中收集、分类整理，并对归集后的老材料、老构件进行分类建档登记，做好材料保护措施，避免人为破坏、受潮。对于具有足够承载力、糟朽程度低微、直顺、平整的老材料、老构件予以重新使用。

针对胡同两侧院落墙面和胡同空间，均以保护、恢复为原则，鼓励减法、慎做加法，有效杜绝违法建设和影响街区传统风貌的建设行为，避免出现"建设性破坏""保护性破坏""过度设计"等现象。在对胡同中存在的贴皮子墙、镶瓷砖墙、糊砂浆墙，以及临街防盗门、防盗窗、水泥台阶等进行整治的同时，也避免在胡同墙面上增加不符合传统规制的浮雕、装饰。同时，严格控制胡同内花箱、栏杆等各类设施的增建，避免使胡同空间更为局促，影响居民正常的出行和公共活动。

清晨，《我是规划师》节目组一行来到了东四六条东口的富新仓仓墙。这是一段近 400 米的仓廒外墙，由大城砖垒砌而成，仓墙底部厚约 1.5 米，顶部厚约 1 米。这里曾是明清两朝贮存从京杭大运河

"南粮北运"粮食的皇家粮仓，清代分成富新仓、兴平仓、南新仓和旧太仓四座仓，如今得以"重现"的外墙是富新仓的仓廒外墙。这也是过去富新仓东南西北四段仓墙中唯一留存下来的。

在仓墙下，张志勇主任讲起了富新仓仓墙的前世今生和维修保护过程。这段仓墙是东四地区的"两大瑰宝"之一。但是，长期以来这段仓墙被水泥砂浆所覆盖，年年维修，还不少花钱。后来经过文物部门批准，开始用"老法"对这段仓墙进行维修保护。施工单位曾经参与东四九条的环境整治，有维修保护古建筑和四合院的经验，对历史城区传统风貌有较深刻的理解和认识，此次由他们实施富新仓仓墙的维修保护。已经维修保护的部分属于"试验性施工"，目前正在进行评估，总结经验和不足，以便以后继续推进富新仓仓墙的维修保护工程。

富新仓的仓廒外墙（周高亮摄）

首先需要探索通过传统工艺维修保护的方案，然后一点一点把水泥砂浆剔除，将这段富新仓仓墙露出来，随后根据老仓墙的原有工艺，严格按照老做法进行细心的维修保护，老灰浆做缝，掺有一定比例细麻丝和砂石制成的"麻刀灰"。在维修保护中尽量保留每一块老砖，因为人们知道这些老砖里面有一种时间的力量，永远比新砖有魅力。维修保护中采用抽换砖体工艺，保证2.5厘米的缝，如果砖小一点对不上缝，就必须重来。富新仓仓墙维修保护的施工人员告诉我，他们通过这项工程理解了维修保护古建筑需要"慢工出细活"的道理，越干到后来就越有自豪感。我想，真正的工匠对于古建筑本身必然有一种敬畏和热爱。无论是富新仓仓墙，还是胡同四合院，把它们完整地交给未来，最需要仰仗的就是这些默默劳作的工匠。无论是紫禁城，还是北京老城的保护，都是一项没有终点的接力，而参与维修保护的必须是最好的接力者。

　　东四四条83号的宝泉局东作厂是目前北京唯一现存的清代造币厂建筑，设立于清顺治元年，距今已经有370多年的历史。张志勇主任介绍，清代宝泉局在北京总共设有东、西、南、北四个作厂，而宝泉局东作厂唯一保存了下来，因此对于它的修复需要慎重对待，因为不同于普通门楼的修复，需要参考有关书籍资料。于是经过一年的调查，反复推敲，现场查验，最终依照清末的一些文献记载，采取传统工艺进行维修保护。

　　经过环境整治，宝泉局东作厂大门两侧的违章建筑已经被拆除，露出了宽敞的王府式门楼，这是这条胡同几十年来对传统建筑修复还原度最高的一次。张志勇主任介绍："我们是按照高标准、原工艺、原规制、原材料修缮这处传统建筑，无论是台阶石、柱顶石，还是大门，包括一些原始的柱子，都原样保留。想让人们知道，修缮不是和大泥、起大砖，让大家看到，老城保护的是什么东西。"经过修复保护后的传统建筑，使人们看到了一个真实的北京传统文化，同时也欣慰地看到众多失传的传统技艺被找了回来，得以传承。

有形的建筑靠无形的技艺得以实现，无形的技艺依托有形的建筑得以传承。但是长期以来在维修保护实践中，对物质文化遗产的保护比较重视，对建筑中所包含的非物质文化遗产关注得不够，如何使传统的营造技艺得以延续，使那些凝结着古代工匠智慧的技艺得到原汁原味的传承，这是当下我们应该多一些思考的问题。

传统工艺是活在工匠的手上的。通过四合院维修保护的过程可以得到展示。以墙为例，当地居民可以了解什么是"九浆十八灰"；可以了解各种灰、浆的配制和适用范围；可以了解砖瓦师傅砌筑的手法，如何用传统技术砌筑干摆墙，如何实现磨砖对缝；可以了解营造过程中砍削、铲灰、剎实、勾缝等动作细节；可以了解砌砖的工具、知识、技巧，体会到恢复性修建过程中对传统的呼应和讲究。

中国古代的很多工匠没有留下姓名，古建筑技艺的传承，一方面靠师傅的口传心授，另一方面就是保留在大量的实物里，过去的能工巧匠们把他们的想法、规矩、技艺，都留在房子上了，你去看那些老活儿，其实就是看过去的很多工匠技艺，在和他们对话。今天，需要用"绣花"的精神挖掘我们以往没有注意到的建筑遗存，把我们的祖先创造的这些传统文化，这些辉煌的工艺技术，经过我们的时代，完整、真实地传给我们子孙后代，那才是最重要的。

我们可以看到，反映不同时代历史积淀的胡同两侧建筑立面，由清代、民国时期以及现代各个历史时期遗留下来的建筑、院落围墙、地面铺装遗存等组成，具有保护和分析价值，但是这些内容非常脆弱。因此在后期使用、修缮、整治过程中，无论是粉刷、油饰，还是添加设备、装饰等，如果不加分析地实施，就会破坏这些载体的历史真实性。尤其是新添加质量低劣的建筑物、构筑物，会破坏街巷胡同的整体景观。而恰当的高质量维修保护，以及与历史环境相适应，与历史风貌相融合的新建筑，未来也将成为街巷胡同景观的组成部分。

东四地区胡同风貌修缮工程重点加强了对传统门楼的风貌保护，以传统门楼修复为重要抓手，正所谓"千金门楼四两屋"，对门楼木构架的主要构件，椽、檩、枋、斗拱、梁、柱以及屋面、墙壁等进行古法修复，真实还原木门修缮的 13 道工序，精细保护四合院建筑细部构件，保留富有特色的古代文字、富有时代特色的墙壁标语、老物件等历史痕迹，力争还原历史风貌，彰显传统建筑特色。同时加大抱鼓石、砖雕等有价值建筑构件及装饰的保护力度，延续街区形制齐全、遗存丰富的特征。

在胡同中的大户人家宅院门里，往往有"一"字砖砌影壁。影壁墙上有筒瓦、屋脊，整面墙磨砖对缝，中心及边角有精美剔透的花卉、宝瓶等图案砖雕。影壁下边有须弥座。如今，北京砖雕已公布为非物质文化遗产，北京四合院门楼上的砖雕装饰，有着高度的观赏价值、独具艺术光彩，与整体门楼建筑结合得恰到好处，形成极好的装饰效果。如今走在大街小巷里，还可以看到一些四合院门楼上保留着砖雕佳作，它们虽然经受了百年以上的风雨侵蚀，但是依然精细完美，包括门头上的栏板，以及两旁戗檐上的砖雕图案，不仅内容丰富，而且雕刻技法高超，均是研究和考证胡同文化的"活化石"。

如果我们仔细观赏，就会发现北京老城的四合院建筑砖雕有着独特的风格和气派，选用图案内容极为丰富，表达吉祥如意、幸福安康、人丁兴旺等美好寓意，有雕刻鹿、喜鹊、仙鹤、麒麟等富贵图案的；有雕刻梅花、兰草、翠竹、菊花等花卉图案的；有雕刻石榴、葫芦、葡萄等果实图案的；有雕刻香炉、笔筒、砚台、花瓶等陈设图案的；有雕刻"八仙过海""竹林七贤""麒麟送子""马上封侯"等民间传说和神话故事图案的；也有雕刻法螺、法轮、伞、白盖、莲花、瓶、鱼、盘长等吉祥图案的。

东四九条 38 号门楼两边的戗檐部分，当时完全被泥糊住，里面雕刻的到底是平雕，是浮雕，还是透雕不知道。但是要恢复泥里头到底是什么砖雕，需要研究清楚再动手，因为盲目动手就会造成破坏。即使这样，恢复砖雕的时候还是把牵牛的那根绳子给折断了，因为牵牛绳是一种悬空的透雕，越精细就越不结实，特别遗憾。经过修复知道这是一幅农耕图砖雕，一个老农右手拿着锄头扛在肩上，左手拿着一个牵牛环，环上系着一根绳牵着牛鼻子，牛的背上坐着一个牧童在吹笛子，非常灵动。

东四四条 79 号院的门楼上的砖雕是暗八仙，这个砖雕一度被泥糊住，几十年后修胡同时，才被一点点打开。张志勇先生说，作为历史风貌的保护者，我们有责任有义务把一点一滴的文物价值和信息都挖掘出来保护好。所以我们要用精雕细琢的工匠精神来修胡同，来保护它。一条胡同一条胡同、一座院子一座院子地做，老城的风貌就会回来。

胡同风貌修缮工程中对于非传统形式的建筑构件、附属设施、遮罩、城市家具可进行适度创新，但要避免过度设计。建筑材质普遍采用传统青砖、青白石等，慎重采用瓷砖、金属等不符合传统风貌的材料，更不应滥用琉璃瓦屋顶；建筑墙体、门窗、台基、装饰构件等采用传统工艺、遵循传统风貌，提倡利用原有传统建筑构件及材料，与传统风貌协调一致。应保留院内原有树木，保留院落内一定比例的实

胡同里的砖雕（周高亮摄）

土绿化，树种宜选择北京传统四合院树种，院外绿化则根据胡同尺度及立面情况合理设置，以不影响胡同空间和传统风貌为原则。

事实上，一片富有魅力的社区，总是新老建筑的信息相互叠加、和谐互动。因此，这些传统街道、历史建筑呈现出活态和动态的特征，静态的建筑与流动的时间，共同确立了历史街区的风貌特征和生活方式。张志勇主任告诉我，在维修保护四合院时，不是刻意只选某个时间点进行恢复，而是留下不同时代叠加的遗迹，呈现出历史发展的时间轴线。于是，走在院落里，可以看到明清时期的老砖墙、20世纪60年代加盖的红砖墙、近年使用仿古砖瓦砌的当代墙，走在其中仿佛正在穿越数百年历史，呈现出沧桑之美、时空之美。

东四社区的文物建筑修复理念是，"既保留元明清，又不仅保留元明清""如果都恢复到一个年代就假了，像影视城一样"，只有保留住各个历史时期的痕迹，才是一个活灵活现的东四社区，从中体会胡同和四合院之好、传统营造技艺之精、历史信息之宝贵，在一砖一瓦一墙一柱的肌理中，发掘融于建筑本体中的历史价值和精神力量。张志勇主任还自豪地开玩笑说："你在故宫修文物，我在胡同修古建。"

在张志勇主任的带领下，我来到东四四条86号的恒昌瑞记，这是一座中西合璧的二层近代建筑小楼。"恒昌瑞记"大门两侧至今还保留着当年的对联，上联"镜里人是一是二"，下联"笛中意至妙至神"，横批"光启万物"。由此可知这里不仅经营洋货，而且是一座民国时期的照相馆。这副对联由于风化腐蚀，花纹模糊不清，在维修保护的过程中，工人用牙刷、小刀一点点进行清理。建筑修复过程中，

恒昌瑞记（周高亮摄）

在保证红砖花纹形状的基础上，通过清洗、摘砌等工艺，最大程度精细修复建筑细部，确保修复后的墙面平滑无缝，还原真实历史风貌。

这座小楼在维修保护前，居住着多户居民，沿街居民曾"开墙打洞"售卖凉面。由于沿街窗户是后开的，因此按照恢复性修建原则进行了封堵。张志勇主任至今还可以详细地记起每块砖、每块瓦的来历："你看这些墙砖，要说省事，青砖重新一铺多省事。但是经过专家考证，这里原来用的是红缸砖，但是当时我们自己不产红缸砖，用的都是德国进口的。这次我们修缮都是遵照古法，尽量选用老料。"我们走上恒昌瑞记的二楼，现在一户居民住在这里，这是一个很敞亮的大房间，有50多平方米，进深较大，木地板，房间内有窗户，两边的光线没问题，经过观察，二楼的房间就是当年的照相馆。

宝蕴楼

　　由此我联想到故宫宝蕴楼的维修保护。宝蕴楼位于紫禁城西南角，地处西华门内。1914 年，古物陈列所成立。在原咸安宫的基础之上建造文物库房，即宝蕴楼，翌年竣工。宝蕴楼总建筑面积约 1650 平方米，依据西洋建筑的式样设计，采用封闭的周边式布局，在北、东、西三面各建一座砖木混合结构的二层楼房，下部还有半截露明的地下室。宝蕴楼中西合璧的建筑形制和装修特征在故宫的古建筑群中独树一帜。长期以来，宝蕴楼作为文物库房使用，建筑的屋顶瓦面、大木结构、内外装修装饰、油饰彩画及院落地面等均有不同程度的破损，亟待进行科学而谨慎的保护修缮。

　　宝蕴楼北楼是主楼，不仅建筑面积大，而且外观也十分别致，左右对称的东西两楼是辅助设施，连接主楼与副楼之间的两层外廊，是以白色的栏杆和廊柱构成的空透走廊，使整组建筑显得清爽而明快。

三座楼均采用城砖砌筑墙身。外墙面抹饰水泥，并划出规整的矩形格，再刷红浆，似乎外墙是用坚固的石料砌成。墙上开了窄长的窗子，所有窗户的线脚均饰白色，与红色墙身恰成对照。出于安全考虑，门窗均为双层，外层均为铁门铁窗。楼房的屋顶是高耸的四坡式，上覆鱼鳞状的牛舌瓦。

2014 年，故宫博物院启动了宝蕴楼的维修保护。故宫博物院在坚持文化遗产保护的真实性原则和坚持"不改变文物原状"的文物保护修缮原则的基础上，尽可能使用原做法原工艺，尽可能保留原有构件，以确保各单体建筑及文物遗存在修缮前后风格的一致性。同时，以文物建筑现状修整为主，采取适当的技术手段，排除宝蕴楼现存文物建筑存在的安全隐患，保证文物建筑的稳定性和安全性，维修保护后的宝蕴楼保持了独特的建筑风格与历史风貌。2015 年 10 月 10 日，故宫博物院建院九十周年纪念活动在宝蕴楼举办，同时"故宫博物院院史陈列"展开幕，宝蕴楼终于实现了对公众开放。

《北京城市总体规划 (2016 年—2035 年)》中第一次明确："应保尽保，最大限度留存有价值的历史信息""以原工艺高标准修缮四合院，使老城成为传统营造工艺的传承基地""让街巷胡同成为有绿荫处、有鸟鸣声、有老北京味的清净、舒适的公共空间"等，这些表述意味着北京历史城区的胡同四合院将迎来新的生机。久经岁月洗礼的传统建筑如何进行恢复性维修保护，不仅仅是技术问题，也是文化问题，包括社会、历史、民生、责任层面的多重内涵，这些因素共同作用于历史文化传承，凝聚着北京这座城市的过去、现在和未来。

2011 年，中国艺术研究院建筑研究所已经将北京传统四合院营造技艺成功申请了市级和国家级非物质文化遗产项目。对于一般四合院来说，当年建造时往往既没有建筑师，也没有正规设计图纸，更没有建筑理论指导；但是这些四合院建造得如此规范，因为这些经验就存在于活着的工匠体系里，存在于建造者的经验之中。近年来，北京历史城区内大规模的"大拆大建"基本上已经停止，但是由于对四合院修复保护研究不够，很多院内杂乱无章，房屋残破危险的状况尚未改变。对于北京平房四合院的保护维修，保持地域传统风貌，必须按历史真实的原则，按四合院的传统形式加以保护修复。

朴素是一种特殊的力量。目前一些四合院的修复采用朱漆大门、汉白玉栏杆等做法，实际上应以"灰色朴素民居"作为建筑定位，四合院材料以青砖、灰瓦和木构架为主，灰色为基本色调，整体色彩应简朴，这才符合北京老城四合院的居住特色和城市定位。对于一些历史上的大型四合院，在进行考证的基础上，宅门、垂花门、走廊及主要住房等局部位置可以施以彩画，以红色、绿色、棕色等搭配，不应过分华丽。四合院应以硬山式屋顶为主，屋面采用传统的合瓦或者仰瓦灰梗等，而不适宜随便使用过去多用于王府级别的筒瓦。

在四合院内以及院落周围，应通过种树的方法来实现绿化，院内则可以增加花坛草坪。实际上，以前四合院的绿化，基本上是在院内种植一棵独立的大树，这才是老北京的特点。因此，在四合院维修保护过程中，首先应保留、保护现有院内的大树，如果大树已经消失应该补种，在主要院落中，应种植至少一棵乔木。灰瓦，石榴树，加上大树绿荫，如此经过保护修复的四合院，才会越来越接近老北京记忆中的样貌。

实际上，传统四合院民居维修保护需要投入的精力和智慧并不比新建整座四合院的难度小。传统建筑的维修保护与房屋新建工程有本质区别，即为了保护的需要，应尽可能地保留原状及历史痕迹，也就是必须保留传统。采取实事求是的科学态度，认真研究传统建筑维修保护机制，建立起人员相对固定、业务培训有保证、专业水平不断提高的传统建筑维修保护队伍，使四合院保护真正走上健康发展的轨道。

四合院维修保护所用材料，在供给数量上逐步萎缩，从质量上也很难达到应有标准。例如，在木材方面，传统民居多为木结构承重体系，木材的质量及选用直接影响房屋结构的安全。近年来，随着四合院维修保护规模逐年加大，木材用量很大，但是也不能降低标准，特别是使用湿木料危害很大，修缮后不久就会发生问题。在砖瓦材料方面，以往砖瓦生产基本沿用传统的烧结工艺，现在一般都不再采用，因此使用的砖瓦规格尺寸，以及强度、密实度、吸水率等物理指标都与过去存在很大差距，使用于维修保护之中，必然影响保护工程质量。

以上情况表明，目前传统建筑维修保护在"四原"，即：原形制、原结构、原材料、原工艺的"原材料"方面已经难以保障。需要认真研究和恢复传统建筑材料的生产与贮存，预置具有一定规格的干燥木材，使用传统技术生产的砖瓦，注重石材的质量，保证油漆等材料的性能，这些是保证古建筑修缮的基本条件。为了更加科学地保护好历史建筑，应着手解决传统材料在维修保护中的供应问题，制定规范、标准，优化市场供销环节，统一产品规格，完善及改进生产、加工工艺，规范企业行为，加大检测、试验手段及力度，强化质量管理及监督，从而使传统建筑的维修保护质量得以提高，真正体现出新时期的维修保护水平。

独一无二的皇城

侯仁之教授曾指出，旧城规划之初，紫禁城外绕以皇城，皇城之外更有内城，其后大城之南复加筑外城，于是有内外城之分。内城九门，外城七门，各有城楼，形制不一。每门之外又建瓮城及箭楼，亦各不相同。内外两城之四隅，各筑箭楼，于是城防形制粲然大备，为任何前代都城所未有。

北京皇城并非规划的正方形。为了适宜重大活动的举办，于皇城南部规划一座 T 字形宫廷广场，称"千步廊"。皇城的西南还缺一角，据说缺角之地乃金代古刹庆寿寺所在。庆寿寺，又称双塔寺，历史久远，香火甚盛，元世祖忽必烈修建大都时，曾为保护该寺让城墙拐弯，将其圈入大都城内。明初，该寺保存完好，皇城墙再次绕道，于是形成缺少一角的不规则皇城布局。今天，明清皇城东西长约2500 米，南北约 2790 米，面积约 6.8 平方千米，是全世界面积最大、保存最完好的皇家建筑群。

昔日皇城内殿宇林立，景观密布。既有高大巍峨的宫殿，又有青砖灰瓦的四合院；既有碧波荡漾的三海，又有挺拔秀美的景山。天安门东西两侧的两组红墙黄瓦建筑群与紫禁城相映成趣，浑然一体。此即皇帝祭祖的太庙和祭祀社稷神的社稷坛，二者象征族权与神权对于皇权的拱卫。太庙与社稷坛分别位于天安门左右两侧，合之即《周礼·考工记》中"左祖右社"，为皇城内重要的建筑。

进入 21 世纪，北京市规划委员会组织编制了《北京皇城保护规划》，并报经北京市政府批准公布实施。明清皇城规划占地面积 6.8 平方千米，保护区范围四至为：东至东黄（皇）城根，南至现存长安街北侧红墙，西到西黄（皇）城根南北街、灵境胡同、府右街，北至平安大街。皇城行政区划分属东城、西城两区。皇城内拥有各级文物保护单位 63 个，总占地面积约 3.69 平方千米，占皇城面积的 54%，是皇城保护的核心内容。此外，皇城内具有一定历史文化价值的建筑或院落有 204 个，占皇城院落总数的 6.3%；这些建筑或院落占地约 0.21 平方千米，占皇城面积的 3%。

《北京皇城保护规划》把皇城作为一个整体加以保护，要求皇城内新的建设要服从保护的要求，以保证皇城整体风貌与空间格局的延续。同时制定了逐步向皇城外疏导人口的原则，例如，原则上外迁与皇城性质不符的工业用地和仓储用地；适当降低居住用地、商业金融用地、教育科研用地、宗教福利用地等的比例，适当提高文化娱乐用地、集中绿地、道路广场用地的比例。对占用文物保护单位但不具备保护和合理利用条件的单位和居民，应采取措施对其予以外迁，腾退文物并改善其使用环境。

2002年，北京市政府批准实施《北京历史文化名城保护规划》的同时，将皇城整体设为历史文化保护区。建立皇城明确的区域意向，使人可明确感知到皇城区界的存在。同时决定停止审批建设3层及3层以上的楼房和与传统皇城风貌不协调的建筑；皇城内尚有部分文物保护单位利用不合理，应加以调整和改善；皇城保护区内的道路改造应慎重研究，以保护为前提，逐步降低交通发生量；必须将皇城内现有平顶的多层住宅改为坡顶；制定皇城历史文化保护区保护管理条例。

进一步明确，明清皇城具有唯一性、完整性、真实性和艺术性。在唯一性方面，明清皇城是我国现存唯一保存较好的封建皇城，它拥有我国现存唯一的、规模最大、最完整的皇家宫殿建筑群。在完整性方面，皇城以明晰的城市中轴线为纽带，城内有序集合皇家宫殿园囿、御用坛庙、衙署库坊、民居四合院等设施。在真实性方面，皇城中的紫禁城、筒子河、三海、太庙、社稷坛和部分御用坛庙、衙署库坊、民居四合院等传统建筑群至今保存较好，充分反映了古代皇家生活、工作、娱乐的历史信息和明、清、民国历史演变的过程。在艺术性方面，皇城在规划理念、建筑布局、建造技术、色彩运用等方面具有很高的艺术性。

《北京皇城保护规划》制定了维护现有街巷系统，严格控制皇城空间格局的原则。将地安门内大街两侧，道路红线50米范围内，规划各10米宽的绿地，景山后街北侧规划5~10米宽的绿地；拆除景山西街东侧、景山公园西墙外侧的 1~3 层的房屋，规划为绿地；原御河有条件时加以恢复。现状皇城的东、南城廓基本清晰；沿西皇城根东侧、灵境胡同北侧、平安大街南侧，结合环境整治规划一条不少于 5 米的绿化带，作为西、北皇城边界的象征。在西安门、地安门的位置，规划集中绿地，示意皇城城门的所在地。

《北京皇城保护规划》要求加快对皇城内文物保护单位利用不合理情况的调整和改善。皇城内目前存留下来的城墙、坛墙遗存约有41 处，大部分只遗存一些残垣断壁，有的淹没在临时建设的房屋之中。应对这些历史墙体加以保护，并改善其周边环境。社稷坛、太庙、景山、北海、中南海，形成明清皇城范围内的集中绿地，总占地面积约 2.07 平方千米，占皇城面积的 30%。小型公园绿地有东皇城根遗址公园和菖蒲河公园，还有规划的景观绿地和社区绿地。小型公园和绿化总占地面积约 0.068 平方千米，占皇城面积的 1%。沿街行道树和分布在街坊、胡同、四合院中的树木，是营造皇城生态环境的重要组成部分，应积极保护。

皇城历史文化保护区是北京旧城整体保护的重点区域，内含紫禁城、太庙、社稷坛、北海、中南海及 14 片第一批历史文化保护区，是保护北京老城整体风貌和沿中轴线对称格局不可缺少的地段。皇城是北京旧城保护的核心，严格保护其传统的平缓、开阔的空间形态是皇城保护的重要内容。《北京皇城保护规划》明确，在皇城内对现状为 1~2 层的传统平房四合院建筑，在改造新建时，建筑高度应按照原貌保护的要求进行，禁止超过原有建筑的高度。对现状为 3 层以上的建筑，在改造新建时，新的建筑高度必须低于 9 米。

故宫，代表了中国传统官式古建筑的最高成就，也是中国古代官式建筑最后阶段的典范。今天故宫内保存着明清官式古建筑的各种类型，百科全书式地反映了明清时代的宫廷面貌。因此可以说，故宫的每一座古建筑都堪称独一无二，对它们的每一次维修保护，都应该是研究性保护项目，而不应该作为一般的土木工程和一般的建筑工程对待，都要承担不可回避的历史责任，努力使之成为古建筑保护修缮的典范。

目前，故宫博物院负责保护维修的古建筑 9371 间，古建筑面积约 23 万平方米，既是世界上最大规模的宫殿建筑群，也是世界上现存最完整的木结构古建筑群。最大限度保留古建筑的历史信息，不改变古建筑的文物原状，进行古建筑传统修缮的技艺传承，这三项原则应该贯穿于故宫古建筑修缮的过程。

故宫官式古建筑在建造、维修的过程中，形成了一整套具有严格形制的宫殿建筑施工技艺。这些技艺不仅保持着故宫古建筑的原貌，而且直接影响着中国古建筑营造技术的发展。传统上，官式古建筑营造技艺包括"瓦、木、土、石、搭材、油漆、彩画、裱糊"八大作，其下还细分了上百项传统工艺，每一项工艺里都蕴含着古人的智慧。在封建等级制度之下的古建筑，从材料到做法，都要严格遵循营造则例，代表最高等级的紫禁城古建筑，无疑是这一整套营造技艺的登峰造极之作。

当时，我作为国家文物局局长，为了保证各地古建筑的维修保护工程质量，走访了建设部，详细说明古建筑维修保护工程与其他类型的土建工程的不同之处，特别是在保护传承方面的历史责任，因此应该建立特殊的行业管理机制。这一建议得到了建设部的理解和支持。于是，文化部和国家文物局制定了相关规章制度，建立起中国古建筑维修保护行业管理体制，包括勘察、设计、施工、监理等方面的资质系统，一直保持至今。

进入 21 世纪，故宫博物院又启动了"故宫整体维修保护"工程，也被称为"百年大修"工程，希望经过努力，使故宫古建筑群整体保持健康稳定的状况。"故宫整体维修保护"工程从武英殿开始试点，10 余年来先后实施了太和门、太和殿、钦安殿、慈宁宫等一系列古建筑修缮工程。但是，2010 年以后，由于体制机制的调整，"故宫整体维修保护"工程遇到专业队伍、材料供应、施工周期、技术传承等诸多新的问题。

在古建筑修缮的人才培养方面，故宫博物院现有的古建筑修缮专家年龄结构老化，绝大多数已经接近或达到退休年龄，按照现行有关人事制度规定，他们属于工人身份，不能够返聘工作岗位。近年来为了使官式古建筑营造技艺得以传承，故宫博物院恢复了传统的"师承制"方式培养营造技艺人才，使技艺精湛的古建筑修缮专家能够将所掌握的修缮技艺传承下去。但是受户籍制度等政策限制，这些徒弟学成之后，难以获得事业单位编制，因此面临人才流失的状况。如此下去，"故宫官式古建筑营造技艺"将面临"人去艺亡"的严峻局面。

在看到困难的同时，也要看到机遇。2015 年 11 月，全国政协召

南大库维修保护工程（2016）

开"非物质文化遗产传承与保护"双周协商座谈会，故宫古建筑修缮中存在的困难和问题，受到时任全国政协主席俞正声的高度重视，要求特事特办地解决故宫这一特殊建筑传承的困难。这一重要批示，成为故宫博物院完善古建筑修缮机制的重要机遇。对于故宫古建筑修缮来说，"特事特办"就不能再把古建筑修缮作为"古建筑修缮工程"，而必须上升为"研究性保护项目"；就不能再采取"项目招投标"方式确定实施队伍，而必须有稳定的掌握官式古建筑修缮保护技艺的专业队伍。2016年，在全国政协十二届四次会议上，我提交了《关于建立故宫古建筑研究性保护机制的提案》，建议将故宫古建筑修缮定位为"研究性保护项目"，脱离一般建筑工程项目的管理模式，将科学研究放在更加重要的位置，实施进度服从保护质量。

在文物修复专家队伍稳定方面，合理制定文物修复专家的退休返聘制度，按照专业技术岗位人员退休标准，保障他们享有与付出相适应的待遇。在传统修缮技艺保护传承方面，改变通过招投标程序选择文物修缮企业的机制，建立专业技术人员相对固定、培训有保证、水平不断提高的专业队伍。在传统营造技艺人才培养方面，应建立特殊人才选聘制度，对于经过系统培养的保护传承人员，可以不受户籍制度限制，作为专业人才加以安排使用。在进行"研究性保护项目"的过程中，要加大专业人才培养的力度，全面开展技术人员的培训。凡是没有经过故宫博物院培训的人员，不允许进入故宫古建筑维修保护项目现场。同时，积极恢复传统古建筑维修保护所用砖、瓦、木材等材料基地。我认为，不仅故宫古建筑保护维修应该"特事特办"，全国的古建筑维修保护都应该"特事特办"。

养心殿是故宫的重要古建筑群，清代10个皇帝中，有8个皇帝曾经居住在这里，因此也成为紫禁城内充满故事的地方，每年有500万观众来这里参观。在养心殿"研究性保护项目"开始前，动员各相关部门专业人员，先行开展学术研究，从养心殿的历史沿革到文化事件，从文物建筑到文物藏品，从室外景观到室内环境，专家学者上报了36个相关科研课题，经过学术委员会审查通过了其中的33项，共有上百名研究人员投入养心殿维修保护前期研究工作。

同样，作为"研究性保护项目"实施的还有乾隆花园和大高玄殿。乾隆花园是紫禁城里建筑最密集的区域，亭台楼阁、假山林立，维修保护极具挑战性。制定的是为期7年的详细计划，采用中外专家学者合作、跨学科跨领域研究的方法。每一道工序都要详细地记录，公开出版修缮报告；每一件文物都要用原材料、原工艺、原技术进行修复；从墙上摘下的牌匾、楹联、贴落等修复以后必须丝毫不差地回到原来的位置。同时，开展更为详细的勘察、测绘，使乾隆花园"研究性保护项目"建立在充分的科学研究基础之上。

大高玄殿是位于紫禁城外侧的道教建筑群，曾被有关单位占用了60年。故宫博物院收回以后，作为"研究性保护项目"，采取多学科融合的维修保护方法，让更多的学术机构、研究单位参与进来。值得一提的是引入了考古研究，不但开展院落地面的考古，而且进行古建筑屋顶、梁架的考古。借鉴考古学中地层学、类型学理念，相关人员详细记录和认真研究大高玄殿从明代到当代的整个生命历程，不放过

故宫大高玄殿修缮工程（2015）

每一道文化痕迹、每一条历史线索，包括每一块瓦当上的铭文、每一段木构上的题记。他们研究历史上工匠的信息、材料的产地，采用现代技术进行科学分析，然后确定修缮时需要保留的信息，需要采取的措施。

2016 年，故宫博物院将故宫城墙维修保护列入"故宫古建筑整体维修保护工程"，制定了故宫城墙整体"疗伤"方案。首先通过全面的调查、勘测和试验工作，查清故宫城墙自然环境、工程地质水文地质条件背景、城墙结构、地基基础形式、建筑材料特性、城墙病害类型及发育规律和程度，并在此基础上建立城墙力学结构模型，归纳、分析城墙病害特点和机理，对城墙稳定性进行评价，并确定城墙保存现状稳定性分区，进行相应的防护对策研究，最终为城墙的管理、保护、加固、监测提供坚实的科学依据。

调查工作是一切工作的基础，需要运用多种手段和方式。调查中关注每一个细节，以期掌握尽可能细致、全面、准确的原始资料。对城墙建造、历代维修档案资料的收集分析，以及对历史维修参与者的访问、咨询，对准确了解城墙结构、砌筑做法、各时代维修痕迹以及潜在的薄弱结构面，有很重要的意义。同时为了配合工作计划和资金安排的灵活性，根据工作范围和深度要求，将工程勘察划分为 4 个相互联系又独立的部分或专题：城墙墙体勘察、城台及马道勘察、墙体三维测量、生物防治调查与研究。

其中城墙墙体三维测量属于工程勘察中的一种更高要求和水准的技术手段，采用多基线近景摄影三维测量技术，更准确、更丰富地表现出城墙墙体空间及表面信息、空间变形位置及规模、病害形态及分布，同时确立城墙变形、病害的初始状态，作为后续监测的基准。生物防治调查及研究也是一个相对独立的专题，是针对生物破坏后续防护对策的深入研究。以往在城墙墙体勘察工作中，对于生物破坏会有初步和定性的涉及，但是没有条件展开和深入，而此次故宫城墙的实践弥补了这个不足。

2002 年，经国务院批准的故宫整体修缮工程，经过 18 年的实施，在 2020 年全面完成，紫禁城更加壮美。这是自 1911 年以来，规模最大、范围最广、时间最长的一次故宫古建筑修缮，是对历经几百年风雨的故宫古建筑群进行的前所未有的大规模修缮。在这个过程中，故宫博物院坚持尽量不改变文物原状，最大限度地保持历史信息，向社会公开传达相关信息。故宫整体修缮工程更加精益求精，注重传统工艺的传承，工程进度必须服从工程质量。2020年，故宫博物院在紫禁城建成600年之时，实现了"把一个壮美的紫禁城完整地交给下一个600年"的愿望和承诺。

城墙的世遗情结

历史上，明北京城城墙全长24千米，是昔日北京的重要象征之一。瑞典美术史学家喜仁龙教授曾在《北京的城墙和城门》一书中写道："纵观北京城内规模巨大的建筑，无一比得上内城城墙那样雄伟壮观。初看起来，它们也许不像宫殿、寺庙和店铺牌楼那样赏心悦目，当你渐渐熟悉这座大城市以后，就会觉得这些城墙是最动人心魄的古迹——幅员广阔，沉稳雄劲，有一种高屋建瓴、睥睨四邻的气派……仔细观察后就会发现，这些城墙无论是在建筑用材还是营造工艺方面，都富于变化，具有历史文献般的价值。"

1924年，喜仁龙教授对北京城墙、城门进行了实地勘察，包括内城墙的426段内侧壁和165座墩台的外侧壁，外城墙的内外侧壁和16座城门楼，其勘察的结果是，城墙的总长度为23.55千米。1948年12月，国民党军在城墙上打城防洞、挖战壕、筑碉堡，修筑了许多城防工事。北平和平解放后，1949年4月18日，市建设局

东便门角楼及城墙（1909）

针对城墙损坏情况拟定了修复城墙的办法，并向市政府做了汇报，经叶剑英市长批准，市建设局于 4 月 26 日令工程总队对城墙予以修复。

据北京市规划委员会老前辈申予荣先生的回忆，1950 年，文化部沈雁冰副部长、聂荣臻市长呈文申请《拨专款抢修北京市各城楼以策安全》，财政部拨款 15 亿元人民币，对有毁坏、脱榫、糟朽、危倾等险情的安定门城楼和箭楼、德胜门箭楼、东直门城楼、阜成门城楼、东便门城楼进行了全面维修。但是 1950 年在城墙的存废问题上，引发了一场旷日持久的争论。以梁思成先生为代表的一方主张保留，而以华南圭先生为代表的一方则主张拆除。这场争论虽经多次讨论，多方交换意见，终难取得一致。

必须传承下去的　203

1956 年，随着城市建设的展开，一些建设单位开始在外城施工现场附近就地取材，从城墙上拆取建筑材料。1957 年 6 月，国务院转发文化部的报告至北京市政府，指出：北京是驰名世界的古城，其城墙已有几百年的历史，对于它的存废问题，必须慎重考虑。最近获悉，你市决定将北京城墙陆续拆除（外城城墙现已基本拆毁）。针对此举，在文化部召开的整风座谈会上，很多文物专家对此都提出意见。国务院同意文化部的意见，希望你市对北京城墙暂缓拆除，在广泛征求各方面意见，并加以综合研究后，再作处理。

1965 年 7 月 1 日，北京地下铁道工程开工。一期工程拆除了内城南墙、宣武门、崇文门。二期工程由北京站经建国门、东直门、安定门、西直门、复兴门沿环线拆除城墙、城门，以及房屋，全长 16.1 千米。1969 年 3 月，中苏边境发生了珍宝岛自卫反击战，随即掀起挖防空工事运动。拆城墙、取城砖、修建防空工事，这项战备活动延续了若干年。

1980 年，应美国匹兹堡大学的邀请，侯仁之教授为该校带去两块我国的古城墙砖，在那里他第一次接触到了《保护世界文化和自然遗产公约》中的概念。回国后，在侯仁之教授的介绍和建议下，经过努力，我国终于在 1985 年成为世界遗产公约的缔约国，并于此后开始了一系列申报世界遗产的工作。所以，从某种角度来看，城墙承载着我国申报世界遗产的情结，城墙保护也是中国世界遗产保护事业的缩影。实际上，古都北京堪称一座古城墙博物馆：金中都城墙遗址、元大都城墙遗址、明清北京城城墙遗址，共存于这座城市。它们坐落于这座城市之中，见证着文化古都所经历的沧桑变迁。

元大都城墙遗址是北京最古老的建都遗迹之一，早在 1957 年就被列为北京市文物保护单位。由于元大都城墙运用夯土版筑工艺建造而成，因此俗称"土城"。高低起伏的土城笔直连绵。元大都城墙遗址，现存北城墙及西城墙北段，也已被辟为元大都城墙遗址公园。2003 年 10 月向公众全线开放的元大都城墙遗址公园，是以元大都城墙遗址为基础，横贯海淀区和朝阳区的带状公园，全长 9 千米，面积 110 万平方米，也是北京市第一个减震防灾、应急避难的城市公园。

20 世纪 80 年代，因市区扩建，西便门地区从昔日的一隅之地变成了交通枢纽，在这一地区修建了一座大型立交桥。而残存的明代城墙命运走向牵动着文物保护专家和社会公众的心。在广泛听取专家和民众意见后，北京市政府决定"今昔兼顾，新旧并举"。重修明城墙（西便门段）墙体高 11.6 米，基宽 19.93 米，面部宽 15.96 米，全长 210 米。维修工程浩大，仅从所用的新制城砖数量达 13 万块就可见一斑。城墙上南端原有的角楼已经难以恢复，就在城墙相接之处重建了一座城楼，为方便登临，又在城墙东侧加筑了台阶。1988 年 7 月，工程竣工。

中国城墙与欧洲的古堡城墙，由于地域、民族、思想观念的不同，在城墙建筑上呈现出较大差异。在城墙建筑材料方面，欧洲城墙多用岩石构筑，中国明清城墙则采用外砖内土的结构或主要采用人工制砖材料，局部也会采用条石砌筑。在城墙平面形状方面，欧洲城墙依据地形地貌而建，几乎都是曲折不规则的形制。中国南方的城墙因自然山水之势而建，蜿蜒曲折；北方的城墙大多建在平原地区，建造平面规整的城墙形制。在筑城思想方面，欧洲城墙规模较小，城市与城市之间的城墙也无规格差异。中国明清城墙规模庞大、行政级差和礼仪规制指导下的规格差异较大。

在中国古代，城墙是城市规模的界定物，也是城市平面格局的规范者，是保护城市内部政治机构、城市居民等的安全防御体系，还是城区与乡野的明确分界线。城墙上的城门发挥着城区由道路轴线所构成的城市空间布局的控制和引导作用。城墙是一个大容器，它包含了城市的空间、价值甚至所有的城市文明内涵。城墙虽然是一种线性构筑物，但是由于城墙在古代中国代表着一种都市文明和国家起源，因此它的设计与构筑包含着十分丰富的思想与工程成就。中国城墙的选址、形态、城门、城楼、垛口、角楼等各种物质形态经过千百年的发展、传承和演进，到明清时代臻于高度成熟，集中体现了古代大型永久性工程营造工艺与城墙建设思想成就。明清城墙作为一个时代最为重要的城防建筑物，随着帝制的结束，大规模的城墙工程就终止了它生命的历程。

北京的明代城墙自明永乐十七年（1419）修建，距今已有600多年的历史，是明清北京城的重要象征。随着时代的变迁，如今明城墙遗址主要集中在两处，一处在西便门，遗存城墙比较短；另一处在东便门，遗存城墙比较长，这段城墙是北京现存最完整的一段明城墙。城墙历经多年的风吹雨打，留下了历史的痕迹。

1996 年 12 月，明城墙遗址公园建设前发生的一幕使我终生难忘。当时我所在的北京市文物局为抢救东便门明城墙遗址，曾在全市发起一场轰轰烈烈的"爱北京城、捐城墙砖"活动，得到了市民的热情支持。很多热爱北京城的市民听到捐城墙砖的倡议后顿悟：原来这些过去被"废物利用"的城墙砖居然也是宝贝！于是，人们把寻找城墙砖、捐献城墙砖看作是热爱北京城的一种实际行动。老城墙砖大多散落在全城各个平房住户院内，有着不同用处，不好找到，也不易取出，但是不少市民体现出很强的文物保护意识，当时为此设立的捐献城墙砖的热线电话几乎被打爆。

一时间，北京市民有的拆掉自家用城墙砖搭建的小厨房和储藏间，把城墙砖取出捐献过来；有的老人为了找城墙砖，骑着自行车满城转，几乎每天都用自行车拉来一两块自己找到的城墙砖，送到城墙修缮工地。上至八旬白发苍苍的老专家，下至稚气未脱的学童，络绎不绝地前来捐赠城砖。被北京媒体称为"一道亮丽的风景线"。令人印象深刻的是，北京有一家祖孙三代一次次把城砖运到城砖遗址；有的市民从通州用自行车送来了两块城砖；更有数以千计的北京市民作为志愿者冒着严寒、踏着残雪到明城墙修复工地参加城墙砖清理工作。多年来，"爱北京城，捐城墙砖"的活动持续开展，市民魏锦山先生多次前来明城墙遗址捐城墙砖，他所捐献的近 500 块城墙砖都是从北京城各处捡来的。他了解城砖的尺寸和重量。

这些砖在拆城墙时散落到了北京市的多个区，用于修防空洞、盖民房，甚至盖厕所。在大拆大建的"危旧房改造"中不少城墙砖随垃坂一起被扔掉，实在太可惜了！在捐城墙砖的队伍中有一些60岁左右曾经历过拆城墙的老人，他们了解城墙有悠久的历史，都是珍贵的文物。那时，由于大量单位、住户的存在，使明城墙遗址区域的环境变得恶劣，市政基础设施极不完备，管线引不进、污水排不出，房屋低矮、破落、垃圾遍地、污水横流。这一切都对城墙遗址造成极为严重的威胁，多处城墙只剩下如一个个堡垒般的断壁残垣。更有不少居民干脆将城墙打洞作为自家房屋的后山墙，对城墙本体造成极大的破坏，大部分城墙的城砖被拆光挖净，有的地段已经大面积裸露出夯土层，一侧的仅存城墙砖体也受到相当程度的腐蚀和风化。靠近崇文门三角地的这段城墙遗存较多，留有夯土层的城墙上，当时我居然看到了一块田地，有人在此种菜。

　　明城墙遗址由遗址本体和背景环境组成，具有规模宏大、遗存丰富等特点，同时也存在着遗址本体脆弱、可观赏性差等问题。鉴于上述特性，明城墙遗址本体及其背景环境所遭受的人为和自然因素的威胁和冲击就远比其他类型的遗址更大，而且更不易控制，也难以从局部进行改善。在社会、经济和文化处于动态发展过程中，妥善处理各种矛盾更需要综合考虑整个环境体系。在实施保护整治的方式上，应尽可能对不合理占压古代城市遗址的地面建筑物、构筑物实施一次性拆迁，对遗址内的居民、单位实施妥善安置。在保护整治中力求整治一处，保护一处，不留隐患，不留死角，避免保护整治后出现反弹，彻底解决古代城市遗址保护中长期存在的零星投入、反复投入、效果不显著的问题，使文物保护、环境改善和民众生活水平提高的"三个效益"协调起来。

保护文化遗产是国家和社会的责任，同时，国家和社会也有责任使遗址内的民众拥有美好的生活。如果明城墙遗址区域不改变面貌，会被看作城市发展的负担和包袱，结果是基础设施落后、民众生活困苦、社会环境脏乱。文化遗产保护就得不到民众的理解，得不到社会的支持。解决明城墙遗址保护与当地民众生活改善的关系问题，就要做到统筹兼顾，相得益彰。解决的最佳办法是将二者在空间上分开，即将"不可移动"的古代城墙遗址在原地妥善保护，将"可移动"的居民、单位进行妥善安置。

因此，加强北京明城墙遗址的保护，应对满足广大民众日益增长的生活需求有所贡献，应让保护和整治的成果惠及城市的环境建设，惠及当地民众的生活。必须通过古代城市遗址保护的成果证明，古代城市遗址也能够成为最美丽的地方，成为改善人民生活中环境价值最大的地方，成为推动社会进步、经济发展、民众生活提高的动力和资源。因为，事实一再证明，保护与发展并不一定是对立、分离的关系，而可以是一种相辅相成、和谐共生的关系。

通过澄清历史遗留问题，明确责任单位，减少推诿扯皮。文物腾退政策为文物保护等公益性项目的实施，探索出一条切实可行的途径。搬迁腾退工作分两个阶段展开。第一阶段从 2001 年 11 月开始，对明城墙遗址公园范围内的占用单位进行腾退。铁路部门为保证新年、春节运行的安全，工作于 2002 年 3 月启动。这一阶段共腾退单位 79 个。第二阶段是各责任单位搬迁安置所属住户，由于人口基数大，采取分阶段逐批搬迁安置的办法，便于解决腾退中出现的问题，最大限度地保证区域内居民利益和社会安定。

如何将这些随时可能消失的遗址妥善保护并留存后世，又要在精心呵护它们的同时，发挥其揭示史实、交流文化、陶冶情操的作用，已经成为明城墙遗址保护的现实问题。著名考古学家苏秉琦先生早在1992 年就指出，考古应回归它的创造者——人民，这是它的从业者的天职。今天已经有越来越多的专业人士意识到鼓励公众认识文化遗址的重要性，同时也认识到使社会公众分享保护成果，欣赏和认识城市文化资源是不可回避的社会责任。

这就要求在进行有效保护和管理的基础上，积极研究符合明城墙遗址特点的展示方式，改善展示手段，扩大展示空间，提高展示质量。对于明城墙遗址来说，应尽可能再现其面貌，这里所说的再现，并不是要把全部城墙复原，而是维持遗址现状，在现状调查和科学研究的基础上，以长久、完整、真实地保护遗址为原则，通过城墙遗址的规模、布局和由基址所反映出来的平面形制，让人产生联想，对明城墙遗址的历史盛况有一个整体的印象。

当时，受北京市政府委托，北京市规划委员会、北京市文物局、崇文区及东城区政府共同组织了东便门明城墙遗址公园规划设计招标评选工作。通过评选，获一等奖的是清华大学建筑学院与美国斯坦福建筑设计公司合作设计的方案。该方案保留了南区东便门角楼段、至今存留尚好的西段、部分残存的中段、曾经修复的东段残留线形片段，以及连续架构形成的城墙上不同高差的空中花园，在东段将绝大部分早已夷为平地的城墙南北土层依现状地形下挖，露出城墙基础，并将下挖部分设计成安静的下沉式广场，使人能在不同视点欣赏体会这段明朝北京内城仅存的较为连续的城墙。

东便门明城墙遗址公园规划范围分为两个区，南区为北京站南侧，即北至城墙遗址以北20米，南至崇文门东大街，东至东二环，西至崇文门三角地，长约1300米，宽70米，占地面积约93100平方米；北区为现状铁路线以北，占地29900平方米。东便门明城墙遗址公园设计方案充分尊重历史，注意发掘保护历史遗迹。突出"遗址"作为遗址公园的主题，对城墙遗址不做不必要的修饰和美化，保护自然的状态，着重突出古城墙的历史沧桑感。同时，尊重植被环境，保存现状所有的树木，有200多株古树名木，将树木自然地与特定的空间环境相结合，营造出舒缓平和的空间氛围，以及城墙外侧特有的绿化环境。

北京明城墙遗址公园的设计手法，在以保护城墙为设计出发点的前提下，从人的活动和感受出发，具有较好的设计理念，即对于城墙的保护，不能仅限于墙体本身，重要的是对城墙所构成的特有文化氛围，及其所限定的特有空间形式进行保护。在较有条件的西段城墙顶部，开辟了原"梁陈方案"提出的京城百姓休憩场所——城墙顶部公园。在明城墙遗址公园里还留有京奉铁路信号所的遗址。京奉铁路是清末修建的一条铁路，起点就是位于前门的"正阳门东车站"，目前已经辟为博物馆。1901年与前门火车站同时建造的京奉铁路信号所，是京奉铁路北京至辽宁的第一座信号所，至今已近120年。

前门火车站（20 世纪初）

　　据史料记载，公元 1419 年，永乐皇帝朱棣迁都北京，将元大都南城墙向南移了 800 多米，考虑到当时的时间和经费问题，最初的明城墙用土堆砌而成。明正统元年（1436）开始，在土墙外面加盖城砖，便形成了砖砌的明城墙。北京明清城墙是对中国历代城墙营造技术的总结、利用、升华，是中国北方传统夯土筑城技术与南方传统砖石筑城技术的有机结合，墙体本身在地基的技术处理、建材的选用、砌筑的技术、墙体与河道的关系处理、城门的构筑等诸多工程项目上，体现出当年建造者的精湛技艺和独具匠心，是中国城墙建造史上具有代表性的杰出范例。

明城墙遗址在保护修缮过程中，注重按原状保护城墙中原有遗迹的历史真实性，总体上采取现状加固的方法，采取传统工艺、传统材料，以最大限度地保护城墙的历史信息和原有风貌。同时，按照保留现状、恢复原貌、维修险情、加固残状、适当复建的做法，使城墙恢复为连续的整体，并得以全面保护。在明城墙遗址周边环境整治和明城墙遗址公园规划设计的基础上，北京市政府投入文物保护专项资金4000多万元，对明城墙遗址进行全面保护修缮，明城墙遗址在保护修缮前，几乎都是断壁残垣，一期工程是修复长度为57.6米的"马面"。期间专家数次对保护修缮方案进行修改。

经过专家多次论证，决定将从北京城东南角楼到崇文门这一段城墙全部连接起来，城墙高度也由原计划的3米增高为6米。如果实现这一目标，据统计需要200多万块城墙砖，但是保留下来的老城墙砖仅占用砖总量的1/5。于是，在此次重新保护修葺历经500多年历史的明城墙时，从河北、山东等地定制的新城墙砖，经过文物部门对质量把关后才能使用，工人们把新烧制的城墙砖用在靠近城墙内部，即紧贴夯土的部分全部用新城砖修复，而仅存的40万块老城墙砖则用在了城墙的最外层，人们易于感受的地方。

2002年9月，明城墙遗址保护修缮竣工，北京明城墙遗址公园正式向公众开放。作为对市民不收费的城市带状绿地公园，当年在京城尚属少见。如今，以古老的城墙为背景的明城墙遗址公园，已成为人们工作之余一个重要的休闲场所，蚕食明城墙遗址的破旧不堪的低矮平房被彻底拆除，代之而起的是绿树成荫、充满韵味的文化遗址公园，古朴、绿色、自然，经过修复的城墙高低起伏，呈现雄伟、坚固的风貌，同时洋溢着沧桑之美。

传承是个技术活儿

2021 年 1 月 7 日，《我是规划师》节目组一行来到位于三间房的首开集团房地古建工作室，探访新版营造技术导则的执笔人，北京市古代建筑设计研究所张越所长，请她介绍新版营造技术导则的有关情况。张越所长 1999 年毕业后来到北京从事古建筑设计与修复工作，先后完成历代帝王庙、武汉归元寺等古建筑修缮项目。她与故宫

首开古建工作室

博物院也有渊源，参与过故宫永寿宫维修保护的设计和养心殿的数字记录。2017 年，张越所长受北京市住房保障部门的委托，研究老城"应保尽保"的修缮技术的课题，负责编写营造技术导则，数易其稿，导则于 2019 年 5 月 9 日开始实施。

之后，张越所长又受京诚集团的委托，进行营造技术导则的动态维护工作，以利于推动营造技术和传统工艺的研究、保护、传承和应用。京诚集团在 2019 年实施平房四合院维修保护工程 270 多处，张越所长参与了其中 70 多处有价值的传统风貌建筑的保护工作。当面对大片的胡同四合院进行修缮时，就需要有系统的标准规范和具体做法来进行指导，否则就会形成"你干成这样，他干成那样"的局面。因此，编制营造技术导则就是建立机制，让大家做起来有章可循。因此，营造技术导则可以称之为当代的营造法式，而新版导则对于目前开展胡同风貌保留具有重要价值。

走进古建工作室，可以看到正在展示传统"八大作"维修技艺的工具、流程、做法和木结构房屋的模型，包括手工磨砖、五扒皮、老木门使麻、榫卯窗扇、彩画掐箍头等传统工艺，在此我们进一步了解了砖瓦、木作、油漆等相关的技艺内容，并现场体验了榫卯拼装、沥粉等技艺。同时，结合现场的屋架模型，测试四梁八柱的稳定性。

张越所长播放的投影详细介绍了古建筑营造技术导则中的 117 张照片，这些照片是她在多年工作过程中随手拍的内容，每一张都渗透着古建筑设计师对老城文化遗产的深厚感情。借此次编制古建筑营造技术导则，张越所长将这些照片特辟专章，列为老城风貌的正负面清单，使古建筑修缮人员能够直观认识到什么是正确的维修保护方法，什么是不正确的操作。张越所长播放的投影照片内容，涉及一些近年来在老城四合院保护和修缮过程中遇到的普遍问题。例如，在东城区的一处四合院维修保护过程中，遇到居民为了多留屋内面积，拒绝屋架穿插按传统做法施工，而在木结构上直接采用硬山搁的方式，留下了安全隐患，影响四梁八柱的稳定性。还有一些胡同在整治时，出现在街道的墙面上，贴仿古面砖、镶嵌砖雕、滥用花砖、涂画主题故事等做法，花哨的胡同墙面破坏了传统风貌。通过对四合院门楼的形制、门的颜色、门钹等正负面照片的讲解，讲清楚什么做法是正确的，什么是有问题的。

首开古建工作室

当时看到老城胡同四合院在修缮时有一些不准确的地方，也引发一些媒体的关注，所以就希望编制新版导则，在技术上指导老城胡同四合院的保护与修缮。新版导则首先把所有平房四合院进行分级分类，因为列入文物保护的院落有成熟的修缮标准和体系，但是普通平房四合院修缮的原则只是解危，以保证安全为标准，对历史价值、文化价值的挖掘和保护力度不够，所以过去这些年老城胡同四合院的传统风貌才遭到持续的破坏，原汁原味的四合院已经不多了。而这版营造技术导则的核心，我觉得是关注到普通平房四合院的保护。

普通平房四合院量大面广，又不是文物保护单位，因此不能按照文物保护的"四原"原则，即原材料、原做法、原工艺、原规制的标准进行保护修缮。正如刘大可先生所说，对于普通平房四合院来说，"太严了落不了地，太松了达不到目的"。经过反复论证，对老城的普通平房四合院建筑进行了分级分类，并将维修保护的要求表述为：应最大限度地保护有价值的历史信息，保护历史风貌原状。按照原形式、原结构、传统规制做法进行修缮，这样既有要求，也有弹性。另外，是"原状"，不是"现状"，一字之差，内涵却完全不一样，有很强的现实针对性。

张越所长介绍，目前营造技术导则对直管公房比较有约束力，但是这部分只占平房四合院的 20% 左右；剩下的是私房和其他产权单位的公房，因为种种现实原因，营造技术导则对这部分平房四合院是引导，不强制。但传统风貌的维护、传统建筑的修缮不仅仅是技术问题，更是意识问题，首先要认识到这些四合院值得保留，其次才是如何保留的问题。现实的情况是一些人在尚不知道什么是原汁原味的四合院的情况下，就说做新中式四合院，如果不了解什么中式，不了解什么是四合院，做出来的就必然是五花八门的内容，因此并不是反对改变，但是如果吃透了再去改变，才会取得好的效果。

近年来，常听到人们说起"恢复性修建"，那么这套工艺体系具体是什么？为此，《我是规划师》节目组一行来到东四六条 57 号院。这是一处恢复性修建的四合院，无论格局还是工艺都是按照传统四合院的标准进行恢复，其中踏跺、地面、墙体砌筑、门窗色彩、屋面、油饰彩画等方面，均采取原汁原味的做法，表现出在一座传统四合院的维修中，包含着全方位的古建筑营造技艺，"八大作"在四合院民居中主要的体现是土、木、砖、瓦、油，要恢复原汁原味的四合院，需要系统性和完整性。

我们比照营造技术导则中规定的技术质量要点和验收标准，查看这处四合院的"恢复性修建"做得是否到位、何以到位、还存在哪些问题。张越所长希望以此院为例，对未来老城 40% 的私房院的改建和修缮有指导意义。过去修缮这些民居都是为了保证房屋的安全，一般都是拆了旧的直接建新的，主要用红机砖和蓝机砖为材料。营造技术导则出来以后，关注现场施工过程，保留住了有价值的房屋，拆下来的旧材料能用的都重新使用。在这个过程中各方面均特别受益，无论是境界还是技术，都有很大的提升。

随着钢筋混凝土等工业化特点的新型建筑材料的普及，中国传统的木结构愈发势微，这些属于农业文明的建筑营造工具也慢慢没人使用了，它们从施工现场慢慢进入博物馆，逐渐变成了古董，它们背后凝结的匠心匠意、营建的智慧也离我们越来越远。实际上，在我国文化遗产中，古建筑所占的比例最为丰富，然而这些古建筑多为砖木结构，历经长期自然和人为的损害，至今多已千疮百孔，抢救维修已刻不容缓。

"保护"包括"保"和"护"两方面措施。"保"主要是制止破坏，"护"主要是防止破坏加速。即使把强化和改善文物建筑，使其益寿延年为目的，而使用新技术、新材料，也必须极其慎重，要经过科学实验，在不能得到可靠性证明时，不能应用于文物建筑本体的维修保护。

古建筑从下到上，台明、台阶、砖墙、木结构、瓦顶等，都是由许许多多的构件所组成的，这些构件名目繁多、五花八门，形状尺寸不一，加上榫卯等复杂结构内容，除部分可以利用机械加工外，目前大部分古建筑构件都要靠手工操作，制成标准构件拼装组合，只有熟悉制作工艺，又识别、熟悉、了解这些构件作用的工匠，才能让这些古建筑构件各就其位，各尽所能，牢固结合，而不是仅靠阅读做法说明，按照图纸施工就可以解决的。因此，古建筑维修保护的工匠技艺和经验非常关键。

中国传统建筑在很长的一段历史时期内，都使用以木结构为主、土木砖石相结合的营造方式，形成了世界上独树一帜的建筑传统。其中，木结构是我国传统建筑最主要的特征之一。我国传统木结构建筑的一个特点是空间使用十分灵活，因此从宫殿、坛庙、寺观到园林、民居都普遍使用。在五行学说中，木属东方，是生气所在，而木材又分布广泛、资源丰富、易于加工，具有良好的力学性质，因此木材成为我国传统建筑最主要的材料。能工巧匠们通过世代传承，形成了完善的木结构建筑建造体系，是我国传统建造智慧的集中体现。

在这样的建筑结构体系下，房屋的墙体无需承重，可以采用轻质的材料，房屋内部可以自由地分隔空间，对于门窗的开设也少有限制。因此，通过建筑室内的灵活布局以及建筑之间的组合布局，形成不同规模与形式的建筑和庭院。如果说钢筋混凝土框架结构中的节点是"宁折不弯"的刚节点，木结构建筑的节点则是"亦刚亦柔"的灵活有机的节点。当木结构建筑遭受到地震、大风等外力时，其结构就可以通过节点性能的变化，吸收和缓和一部分外力，加上木材本身也具有良好的韧性，使得整体结构能在外力冲击面前，仍然保持稳定，屹立不倒，达到"以柔克刚"的效果。

2009 年 9 月，在联合国教科文组织保护非物质文化遗产政府间委员会第四次会议上，我国申报的"中国传统木结构营造技艺"被列入《人类非物质文化遗产代表作名录》。随着非物质文化遗产概念的引入和保护的开展，传统建筑营造技艺和代表性传承人被列入保护范围，并得到越来越广泛的社会关注。为了加强传统建筑营造技艺的保护，我国已经公布了 4 批 35 项涉及传统营造技艺的非物质文化遗产项目，其中第三批将"北京四合院传统营造技艺"列入国家级非物质文化遗产项目。

作为非物质文化遗产，营造技艺的价值是多方面的，主要包括科学、社会、艺术等方面的价值。传统建筑营造技艺不仅包括传统营建技术、工艺、手艺、技巧，还包括传统的运输方法、吊装方法、木材采伐、石料开采、砖瓦烧制、构件加工等。传统建筑营造技艺的外延还可以扩展至相关的知识领域和文化习俗，例如规划、设计、建造、修缮、维护等，同时还包含对居住科学的认知，例如防火、防尘、防沙、防潮、防震、防蚁、通风、采光、隔热等科学知识和经验总结。

中国传统建筑具有一个生命体自身的生长发育过程，始终保持着自身的文化传统和艺术风格。传统建筑营造技艺包含着技术与艺术两个方面，中国传统木结构建筑的营造技艺与艺术风格互为表里，表现在结构与构造的结合，构造与装饰的结合，功能与艺术的结合，折射出中国人的行为准则和审美取向。一座传统建筑就是一个完整的有机体，有机体的每一部分都有功能意义，同时也有美学意义；不但形体是美的对象，而且形体内在的营造结构，同样也是美的因素，体现出对于审美体验的自觉。[①]

中国传统木结构建筑营造技艺的传承人和从业者多以民间工匠为主，在传统社会中，匠人多隶属于民办的作坊，传统营造技艺主要是通过师承制加以传承，世代相传，延承至今。20世纪以来，中国传统木结构建筑营造技艺受到现代材料、结构、营造方式的冲击，从业人员急剧减少，一些传统营造技艺濒临失传，然而传统木结构建筑作为一种文化与景观建筑类型，还依然有特定的社会需要和生存空间，

---

① 刘托.中国传统木结构营造技艺［J］.世界遗产，2017（2）：106.

传统木结构建筑营造技艺如今也仍应用于传统民居建筑的维修保护和营造。

2019 年 2 月，北京市规划和自然资源委员会网站公示了《北京历史文化街区风貌保护与更新设计导则》，旨在从技术上规范北京历史文化街区在风貌保护与更新中的目标与标准，使街区在具体规划、设计及建设时有规可依、有章可循。这项导则的适用范围为北京市老城内的 33 片历史文化街区，总面积 20.6 平方千米，占老城总面积 62.5 平方千米的 33%，占核心区 92.5 平方千米的 22%。中心城区范围内其他需要成片保护的地区，也可以参照执行。

《北京历史文化街区风貌保护与更新设计导则》的编制采用了目标导向和问题导向相结合的方式，明确规划设计以及建设过程中要尊重历史，注意保留历史文化街区特色，要与周边环境相协调，让居民生活更方便更舒适。最终是要让胡同生活精致起来，为当地居民留住"乡愁"，让人们感受到北京的古都魅力。导则分为"街区整体风貌保护""建筑风貌保护、控制与设计""街巷空间及附属设施"3 个层次，并按类别归纳了 10 项保护要素和 10 项整治要素。

在保护要素中，侧重于强调街区内各类有保护价值的元素，特别是街区天际线、整体形态和色彩基调、景观视廊和街道对景等整体风貌方面的元素。另外，除了保护有价值的建筑和构筑物、街道和胡同肌理、历史水系、古树名木等物质要素之外，还将街区功能、人口构成和社会结构、传统文化和非物质文化遗产等非物质要素系统纳入了保护要素的范围。北京老城的历史文化街区的功能传统上以居住为主，根据非居住功能所占比例的多少，街区按照整体功能的类别可分为居住类街区和混合类街区两大类别。同时，导则强调对这一功能构成的延续，在避免过度商业化的同时，确保合理生活服务功能的保留和提升。

在整治要素中，导则重点关注街区改善、更新工作中的风貌控制。主要包括街区内与传统风貌不协调的建筑、违法建设、地下空间利用、出行方式和出行环境、市政设施、无障碍设施、公共空间、街区绿化、地面铺装、景观设施、公共艺术、城市家具、标识系统、牌匾广告和公益宣传、建筑外挂设施、街区照明等方面。导则注重合理平衡保护与更新之间的关系，例如，鼓励设置无障碍等现代化生活设施，但设计方案应采取不影响传统风貌的形式，并充分考虑街区的空间特点。在绿化方面，虽然历史文化街区空间有限，但是也建议适度绿化，同时要求绿化应符合街区的风貌特点，尽量采用"分散、多点、小规模"的方式。同时导则提出，要合理组织胡同交通，原则上远期取消胡同停车，具备条件时，可划定机动车禁（限）行、禁（限）停区，采用设置路口、街边人行道桩等方式，限制胡同内机动车的通行与停放，营造慢行优先的交通环境。针对历史文化街区内出现的一些不规范的建筑设计和建设行为，导则专门在地下空间开发利用、"仿古建筑"风貌控制、建筑的内外装修或装饰、景观照明等方面进行了规范。

导则提出，北京历史文化街区的整体特征是平缓有序的天际线，以胡同－四合院建筑为主体的形态特征，以及以大片青灰色房屋和浓荫绿树为基调的整体色彩。因此要严格控制新建和改建建筑的高度、体量、形态、色彩和材料。在色彩方面，新建或改建建筑的外立面色彩应以青、灰色色系为主，不得大面积采用黑色、白色、金色、银色及红色、橙色、黄色、绿色、蓝色、紫色等过于鲜艳的色彩。外立面材料应与传统风貌相谐调，可采用传统或现代灰砖、灰色陶面砖或石材、抹灰涂料等与传统风貌相谐调的外立面材料，不得大面积采用金属、镜面玻璃、釉面砖、反光石材等反光性强、与传统风貌不谐调的外立面材料。

历史风貌保护利用工作具有长期性、持续性、投入多、见效慢的特点，做好这项工作需要从发展全局把握战略定位，保持战略定力，秉持正确工作理念。历史文化街区的保护与更新，主要强调和谐。因此，即使有了标准，也不是要求千篇一律，整齐划一，而是鼓励设计师在规范的基础上，能设计出更走心、更和谐、更具特色的高品质方案。历史文化街区在进行街巷胡同整治时，对具有历史价值的沿街建筑墙体、影壁等采取保护性的整治措施，剔除多年叠加的贴砖、抹灰等附加面层，复原传统青砖墙面，并采用传统工艺进行修缮、修补，部分恢复了沿街建筑的传统风貌。

近年来，北京市建立起了责任规划师制度。责任规划师是指针对城市特定区域的规划建设，由规划行政主管部门、各级政府部门或各类主体以购买社会服务的方式确定的，在传统城市规划和城市设计的基础上，协助规划行政主管部门、各级政府部门或各类主体进行长期技术咨询、技术文件编制、审批管理、规划建设实施等工作的专业技术人员或团队。通过在北京老城建立街区责任规划师制度，可以搭建公众参与桥梁，完善专家咨询和公众参与长效机制，促进城市体验评估机制的常态化开展，提高城市精细化管理水平。

街区责任规划师是以街区为单元开展工作的责任规划师。街区划分是配合片区规划研究的片区划分。当前，结合"百街千巷"环境整治提升工作，一般以街道辖区为单元开展工作。为保障工作对接的有效性，街区责任规划师原则上以团队为单位开展工作。街区责任规划师团队由具备高级职称的规划师领衔，团队成员具有城市规划或建筑学及相关专业背景，包括但不限于规划、建筑、结构、园林、景观、地理、道路交通、市政工程、建设管理、土地管理等专业领域。

街区责任规划师从专业角度，提供责任片区的规划建设管理相关业务指导和技术支持，协助组织公众参与、规划公开等工作，推进城市共建共治共享。包括推动城市总体规划、控制性详细规划等规划在责任片区内的落地实施，参与规划编制及实施相关课题研究，及时将规划落地中存在的问题和相关建议反馈至规划部门。同时参与城市规划实施情况评估工作和城市体验工作，提供责任片区内规划建设方面的专业咨询服务，开展规划建设管理、历史文化名城保护等方面的宣传、培训工作等。

街区责任规划师还负责规划设计把关，对属地街道负责的规划编制和建设、环境提升等项目的设计方案进行把关，在设计过程中进行全程跟踪指导。与属地街道共同审查设计方案，提出专业意见。设计团队需按照责任规划师提出的意见修改完善设计方案，直至审核通过。对重要节点的设计方案，责任规划师具有一票否决权。同时参与施工监督指导，对属地街道负责的各类建设项目，在施工过程中进行现场指导、监督实施效果，对施工质量、施工效果进行专业把控。对不符合要求的施工方法提出整改要求，并参与综合验收、专家评审、实施评估。

当前，街区责任规划师的工作重点之一是推进社区营造。通过走访、座谈等形式与居民进行沟通，了解居民对责任片区内规划建设的需求。通过设计方案公示、建设成果评议等形式，开展公众意见征集。同时，在公示或施工现场向公众进行答疑解惑。街区责任规划师践行规划公开，深入基层一线，向属地街道、社区、在地单位、居民讲解责任片区的各项规划管理工作，宣传老城保护复兴相关政策、理念和方法，普及规划建设基础知识，参与社区营造相关活动，推动城市总体规划、控制性详细规划等规划在责任街区内的落地实施。

"中式"与"新中式"的界限

20 世纪的文化遗产

2020 年 12 月 7 日，《我是规划师》节目组来到位于西城区佟麟阁路的模范书局。这组建筑是中华圣公会教堂，又名安立甘教堂，目前是全国重点文物保护单位。是在清光绪三十三年（1907）由英籍主教史嘉乐雇佣北京工匠建造，时为华北地区规模最大的基督教中心教堂。主体建筑面积 947 平方米，附属建筑 5955 平方米。教堂的设计者史嘉乐是中华圣公会教区主教，鸦片战争后来到山东烟台传教，1883 年开始在北京工作生活。

随着义和团运动的爆发，中华圣公会北京教区的重要场所遭到严重破坏，自 1901 起，史嘉乐开始着手建造一座新的教堂，1907 年这座中华圣公会教堂竣工。就像"中华圣公会教堂"这个名字一样，虽然是西式教堂，但是建筑风格上却有着明显的"中华"印记：它的平面结构呈拉丁十字状，内部由中殿、侧廊、翼廊、圣坛与后殿组成，到此都是规范的哥特样式。然而，教堂的屋顶为中国式坡顶，整体结构由北京传统建筑的抬梁式梁架完成，山墙和屋面也采用中国古建筑硬山做法。

史嘉乐的助手曾在信中描述了教堂建造时发生的有趣的故事：工人们并不习惯图纸上给出的砖工样式，所以经常能看到他们围在某个地方，讨论如何才能更好地施工。有时甚至是对此（建筑）一窍不通的路人都会无偿地提供一些建议。信中还提到，由于中国工匠对西方建筑的图纸不太理解，很多地方都是按照自己的理解完成的，例如屋顶上的两座中式八角亭完美替代了西式教堂本该拥有的钟楼和天窗。

模范书局外景

这种中西合璧的建筑形式，其实是由建造过程中的"误会"产生的。

同样，因为中国工匠的"临场发挥"，教堂的大门、钟楼、天窗等细节其实与史嘉乐的原本设计大不相同。但是这番操作丝毫没有影响一个哥特式教堂应有的开阔、高耸与庄重，只不过这一次教堂应有的神圣感，是通过中式元素实现的。而原本在传统建筑山墙式样中等级最低的"硬山"，在这个和谐的中西"混搭"的建筑作品中被重新定义，它可以更好地展现墙体与屋顶的结构关系，在西方视角看来极富东方意蕴，时至今日，仍在中式建筑设计中被频繁采用。

中华人民共和国成立后，中华圣公会教堂改为北京电视技术研究所的仓库，还曾计划要改建成职工宿舍。就在决定拆除的时候，教会的人听说了，前来阻止，说这是文物保护单位不能拆除，于是它被保留了下来。但是这里一直都处于荒废状态，无人管理。1997 年，一家香港公司接手了这座教堂，对教堂进行了维修和改建，将教堂的内部漆成纯白色，加建了二层。

姜寻先生出生于 1970 年，既是设计师，也是诗人及古籍收藏家。几年前，姜寻先生陪妻子在天津过年，她提议去看看儿时读书时常路过的地方，那里有一座教堂，看过以后他们产生了想要做"教堂书店"的想法。最初就想把书店开在天津的那座教堂里，但是没有成功。后来，姜寻得知北京的中华圣公会教堂在闲置中，经过多次努力，于是有了现在的模范书局诗空间。模范书局最初的理念就是"老房子的新生"。目前模范书局在北京有多家书店，其中两家是由古建筑改造，一家在杨梅竹斜街，利用的是一栋国民时期的两层小楼，另一家就是利用这座教堂建筑建设的书局。

模范书局修缮教堂的原则是修旧如旧。在过去的 110 多年里，这栋建筑曾被各种机构使用。他们修缮时基本还原了这栋教堂初建时候的样子。由于中华圣公会教堂内部原本没有二层，现在被模范书局修建成了左右对称的玻璃阁楼，里面收藏了一些作家手稿和绝版诗集，在这里我看到了徐志摩的诗集、闻一多设计的封面等。模范书局别具一格的建筑特色——彩绘玻璃窗、高耸的穹顶，以及排列的书架、大量文化类书籍，还有书籍之外的艺术作品、印制工具、文物收藏等，共同构建成一个既有历史沧桑感又蕴含诗意的场所。

文物建筑一旦失去了使用功能，保护的难度就会成倍加大，这是全世界文化遗产保护普遍面临的问题。在一些西欧国家的城市中，由于传统教会势力的衰落，每年都有相当数量的古代教堂建筑被闲置。如何保护这些失去原有功能的文化遗产，人们给出的答案是"适应性再利用"，即在不破坏文物建筑的原则上，允许改变原有用途，选择合理利用方案，为文物建筑再度找到吸引人们前来访问的功能。于是，有的教堂变成了图书馆，有的教堂变成了先锋剧场，有的教堂变成了城市旅馆，有的教堂甚至变成了运动场所。

目前模范书局在图书营销之外，还经常会举办一些文化艺术活动，特别是对周边单位和居民开放，营造和谐的文化环境。中华圣公会教堂虽然失去了教堂的属性，但是在新时期运用创新手段，通过"活化"，寻求传统文化的现代表达方式，赋予了古建筑新的生命力。模范书局诗空间以活化再利用，提升古建筑文化附加值，通过继承、再现、再造三种方式，让历史文化资源真正活了起来，体现了古建筑新的社会价值，实现了文化遗产的传承与传播。今后还可以通过互联网手段吸引年轻人的关注和喜爱，通过虚拟现实技术让更多的人身临其境，使更多年轻人感知传统文化的魅力。

中华圣公会教堂是20世纪的建筑遗产。20世纪遗产，顾名思义是根据时间阶段进行划分的文化遗产集合，包括了20世纪历史进程中产生的不同类型的遗产。20世纪是人类文明进程中变化最快的时代，对于中国来说，20世纪具有更加特殊的意义——在20世纪的100年时间里，我国完成了从传统农业文明到现代工业文明的历史性跨越。没有哪个历史时期，能够像20世纪这样，慷慨地为人类提供如此丰富、生动的文化遗产。也只有文化遗产才能将 20 世纪的百年历史进行最为理性、直观的呈现。

国际社会最初关于文化遗产保护的行动，通常是保护史前时期的古老遗物；而后人对于数千年来的文化遗址、遗物表现出了日益浓厚的兴趣。19 世纪中后期，人们开始将中世纪的历史建筑，尤其是教堂建筑纳入保护之列，并进一步包括了文艺复兴时期的文化遗存。进入 20 世纪，保护对象逐渐扩展至 20 世纪的文化遗产。这一文化遗产保护的趋势和进程表明，文化遗产的年代界定范围正在逐渐延伸，指定保护的文化遗产类别正在逐渐拓展，判断文化遗产的价值标准正在逐渐深化，成为国际文化遗产保护的趋势，而将更多的当代遗产纳入文化遗产保护范畴，必然是一个永久的趋势；尽管国际社会对 20 世纪遗产的定义以及甄别方法的探讨仍在继续，尚未形成明确的理论成果，但是对于 20 世纪遗产的保护实践早已迫不及待。保护 20 世纪遗产逐渐得到世界各国的积极响应。

在我国，针对 20 世纪遗产实施保护的观念形成较早，最初以保护"革命文物"起步。1961 年国务院公布的第一批全国重点文物保护单位名单中，将"革命遗址及革命纪念建筑物"作为第一类别，共 33 处，其中绝大部分为 20 世纪遗产。20 世纪 80 年代以后，在继续重视保护革命文物的同时，逐渐开始关注 20 世纪遗产的更广泛内容，加强对 20 世纪遗产的全面保护、抢救、研究和合理利用。1996 年国务院在公布第四批全国重点文物保护单位时，采用了"近现代重要史迹及代表性建筑"的类别名称。

进入新的世纪，20世纪遗产保护的基础工作得到加强。在不可移动遗产保护方面，第三次全国文物普查工作将近现代史上的重要遗址、代表性建筑和工业遗产等项目，列入重要的普查内容。在已经公布的全国重点文物保护单位中，代表20世纪文化、史实和文明内容的文化遗产，占近现代类型中的绝大多数。这些20世纪遗产大体可以分为3类：一是以推动社会进步的重大历史事件为基本内涵的物质载体；二是以塑造人类文明的杰出人物历史遗迹为背景的物质载体；三是以反映不同流派特点、艺术风格和时代精神为特征的建筑载体。

在20世纪，由于科学技术的迅猛发展，世界各国之间的地域屏障被逐渐打破，相互之间的经济交往和文化联系都比以往任何时候更为密切和频繁，外来文化影响到了社会生活的各个层面。我国的20世纪遗产，植根于近现代中国的百年风云。鸦片战争以后，我国政治经济社会激烈动荡，特别是第一个不平等条约《中英南京条约》的签订，使近代城市随之产生巨大的变化，不断改变着近代中国的发展轨迹。在上海、天津、汉口等城市，先后出现了帝国主义列强侵占的大片租界，集中建设了领事馆、海关、银行、商场、教堂、饭店、俱乐部和公寓等具有一定规模的近代建筑物群。

北京东交民巷使馆建筑群形成于1901—1912年，是集使馆、教堂、银行、官邸、俱乐部为一体的20世纪建筑遗产。现存建筑有法国使馆、奥匈使馆、比利时使馆、日本使馆和公使馆、意大利使馆、英国使馆、正金银行、花旗银行、东方汇理银行、俄华银行和国际俱乐部及法国兵营等。现存建筑均原状保持着20世纪初欧美流行的折衷主义风格，例如，用清水砖砌出线脚和壁柱、砖拱券加外廊、铁皮坡顶等特征。同时，街巷两侧的围墙、步行道和梧桐树等，还保持着当年的风貌，是北京仅存的 20 世纪初欧式风格的历史街区。

在建筑领域，人们不再满足于沿袭本土传统的设计和建造理念，开始积极吸收其他不同文化的影响，大胆引入新的建筑材料、制造工艺和艺术风格，创作出大量包含不同文化元素的作品。在形式方面，既包括古典主义、文艺复兴、浪漫主义、折衷主义等世界各国不同时代的建筑风格，又融进了我国的传统建筑文化，中西合璧、各具特色。一处处风格各异的近代建筑群，汇聚了不同国家的不同文化特色，有着鲜明的时代特点，具有较高的历史、艺术和科学价值。这些建筑遗产既是帝国主义侵略我国的实物遗存，又是研究我国近代建筑史、中西文化交流史的珍贵实物资料。

20 世纪遗产是文化遗产大家庭中不可忽视的重要成员，它们直观地反映了人类进步与社会发展的重要过程。但是，由于受到战争侵害、人口膨胀、资源萎缩、经济萧条等种种压力的困扰，20 世纪人们的建造理念更多强调功能性和实用性，在空间的分割、整体的造型、体量的控制、材料的使用和装潢的布置等方面，力求经济、适用、高效。因此，就 20 世纪遗产而言，不应简单地从艺术形式和审美角度鉴定其价值，而应注重考察它们为适应社会生活变化，而在功能、材料、技术手段，以及工程建设等方面所做出的积极贡献，从中分析出 20 世纪遗产对于今天经济社会发展的有益借鉴。

20 世纪遗产在人类文明发展史上起着承前启后的作用，具有历史借鉴和理论创新方面的丰富内涵。由于 20 世纪遗产形成年代较晚，未经历过多的自然侵蚀，而且在使用过程中不断得到维护，因此许多 20 世纪建筑遗产至今仍然保持着鲜活的生命力，继续服务于社会生产、生活。与那些历经千百年沧桑，早已被剥离了实际应用，只作为历史遗迹接受研究与观赏的古代遗存不同，20 世纪遗产往往是功能延续着的"活着的遗产"，其产生背景、建造过程、修缮状况等均有据可查，基础资料相对完备。

另一方面，与那些令人肃然起敬的古代文化遗存相比，20 世纪遗产在文化遗产大家庭中最为年轻，正因为如此，人们往往忽略它们存在的重要意义，也使 20 世纪遗产在各地遭到损毁和破坏；由于在保护理念、认定标准、法律保障和技术手段等方面尚未形成成熟的理论和实践框架体系，使 20 世纪遗产保护充满了挑战；20 世纪遗产的生态系统相对脆弱，特别是一些新结构、新材料、新技术的尝试应用，也使有些 20 世纪遗产是易于受损的。因此，需要针对 20 世纪遗产的上述特点，研究 20 世纪遗产保护存在的问题，及时实施抢救性的保护。

同时，20 世纪遗产也面临着被改造的威胁。由于 20 世纪遗产往往是正在使用的"动态遗产"，产权人或使用者为满足当前需要而经常对其加以改动，处理不当就会影响 20 世纪遗产的整体风格和建筑质量，甚至伤害城市民众的集体记忆。例如，京奉铁路正阳门东车站，位于天安门广场东南角，始建于 1901—1906 年，是我国铁路的早期建筑。从清末至中华人民共和国成立，一直是北京最主要的车站。但是，这座百年老站一度失去了昔日风采，成为"老车站商城"，车站里面布满了商店、摊位。随着 20 世纪遗产得到重视，京奉铁路正阳门东车站被列入保护之列，如今成为了中国铁道博物馆。

每一代人都有一个神圣的使命，就是把前人的创造留给后人。古代遗存因数量少而更得到珍视。但是，如果不及时保护 20 世纪遗产，它们同样也会在当前的建设大潮中很快地消失。从古到今，文化的发展形成一条完整的链条，如果在当代发生断裂，将对不起后代子孙。

城市是有记忆的，也是有灵性的。这些记忆与灵性，通过文化遗产的保护与传承，融入城市的血脉，构筑了城市的性格。因此，只有妥善保护 20 世纪遗产，才能成为时代年轮清晰的城市，才能成为充满记忆与灵性的城市，才能成为保持属于自己特色的城市。20 世纪遗产形成于过去，认识于现在，施惠于未来。应认真阅读 20 世纪遗产，思考它们与当时社会、经济、文化乃至工程技术之间的互动关系，从中吸取丰富的营养。文化遗产是有故事的生命，随着时间的流逝，故事成为历史，历史变为文化，长久地留存在人们的心中。

保护和维修有利于延续建筑寿命，对于任何时代的文化遗产都至关重要。但是，对于一些重要的 20 世纪遗产来说，如何在保持良好状态的同时，留住它们所拥有的文化意义更为关键。在对 20 世纪遗产进行科学评估时，应当客观而宽容，应当为后人保留延续的空间。不能只保护与政治事件和人物有关的遗址和遗存，而不注重保护反映经济、文化、科技、教育等方面发展状况的遗存。应从物质和精神两个层面对现存的 20 世纪遗产进行科学评估，以免因为判断失误而造成不应有的损毁或流失。

今天，在 20 世纪遗产保护的诸多领域，未能掌握实现保护目标的修复理念、方法与技术，已经成为越来越不容回避的严重问题。在保护实践中，如果保护理念方面出现偏差，必然造成实施方法和技术的千差万别，甚至导致"建设性破坏"或"保护性破坏"。因此，应鼓励在保护和修复工作中，就 20 世纪遗产保护理念以及与保护方法和技术有关的特定问题展开专题研究，同时也应根据 20 世纪遗产的不同保护状况，充分尊重其在科学和艺术等方面的特点，关注保护和修复工作对可持续利用方面的影响。

对于 20 世纪遗产，不但要考虑它们的历史、艺术和科学价值，而且要考虑它们对于今天社区生活的意义，以避免片面地、狭窄地理解 20 世纪遗产的多重价值。在开展 20 世纪遗产保护行动时，应考虑 20 世纪遗产保护与所在社区协调发展的互动关系，这一互动关系必须在可持续发展的框架下，在社区普遍期望的需求下，面向当前和未来的社会生活进行定位。还必须特别关注环境创造、经济发展和社会生活，对不同价值、规模和特点的 20 世纪遗产采取不同的保护和利用对策。

20 世纪遗产与其他历史时期的文化遗产相同，都是一座城市文化生生不息的象征，也是代表不同历史发展进程的坐标，当代人们以此为参照，辨认日新月异的生存环境。保护文化遗产的最大动力是保存文化，而保存文化的根本目的是传承文化。因此，保护 20 世纪遗产并不意味着将其束之高阁。恰恰相反，只要人们在合理利用，文化遗产就会被关心，就会得到及时的维护。对20世纪建筑的合理利用，也会避免因为闲置而加速的损毁，让旧载体孵化新功能，既有利于节省能源，又有利于环境保护。

由此看来，为20世纪遗产寻求合理利用途径是积极的保护方式。通过将20世纪遗产与社区文化和市民生活重新建立联系，创造闲置空间重生的契机，延续其生命历程，实现其新的价值。当然，使20世纪遗产益寿延年，必须遵守文化遗产保护的原则，采取科学的方法。因此，如何在文化价值与使用价值之间进行取舍，寻找保护历史记忆与挖掘使用功能的平衡点，是不能忽视的现实问题，需要以创意和判断力来权衡定位，并结合新时期的特色，做到既保护又利用，使其以活态面貌出现在今天，满足大众的需求。

"对老建筑最有意义的保护是找到它'再利用'的方式"，这是建筑师戈德史密斯广泛强调的观点。而这一观点正在实践中成为一种共识。20世纪遗产的保护，应与城市环境整治和地区功能提升相结合，与市民公共活动和培养健康情趣相结合、与城市文化建设和特色风貌保护相结合。通过选择20世纪遗产分布相对集中成片的地段，串联起相关的文化遗产资源，建设高品位的重点文化功能区，以提升20世纪遗产对城市文化的贡献度和社会发展的影响力。

在模范书局所在地区就集中分布着北京国会旧址、京师女子师范学堂、宣武门天主堂等相当数量的20世纪遗产。北京国会旧址建成于1913年，是中华民国成立后第一届国会的旧址，现用作新华社礼堂。1912 年 4 月,中华民国北京临时政府开始筹建国会,并选定原财政学堂为众议院建筑基址——众议院由东、西两部分组成,东部为财政学堂原有建筑与连廊合围而成的院落;西部为新建的众议院议场,通称"国会议场"。这组建筑当年由德国设计师罗克格设计,"国会议场"为方形建筑,坐北朝南,高三层,建筑外表朴素,以灰砖砌成,至今保存完好。"国会议场"北侧为"圆楼",同样为灰色砖墙,是当时国会办公楼,二层为北洋政府总统和议长开会的地方。

京师女子师范学堂位于西城区新文化街 45 号,是一处清末民初的仿西方风格学校,属于近现代重要史迹及代表性建筑,现为北京市鲁迅中学。清光绪三十四年(1908),御史黄瑞麟奏请设立京师女子师范学堂,清学部决定在石驸马大街(今新文化街)斗公府旧址建筑校舍,清宣统元年(1909)建成。其中教学楼面积 4300 平方米,礼堂建筑面积 220 平方米,是一组由 4 栋楼组成的校舍。中华民国时期,京师女子师范学堂改建为北京女子师范学校,并积极筹建女高师,1924 年改为北京女子师范大学。鲁迅先生曾于 1923 年至 1926年在此执教。

宣武门天主堂于 1904 年重修而成,因位于北京城南,故俗称"南堂",是北京城内最早建成的教堂。"南堂"的大门采用的是中式三开间大门,共有三进院落,大门占据了教堂的第一进院落,其后的东跨院为教堂的主体建筑,西跨院为起居住房。教堂主体建筑为砖结构,面向南方,正面的建筑立面为典型的巴洛克风格,三个宏伟的砖雕拱门并列,将整个建筑立面装点得豪华而庄严。室内空间运用了穹顶设计，两侧配以五彩的玫瑰花窗，整体气氛庄严肃穆。教堂内的柱子为砖砌。教堂内在北面设有圣台，南面建有乐楼。

鸦片战争之后，外国人开办的公寓、教堂、医院、饭店、学校等大量出现，开始改变几千年来北京的城市风貌。清末民初，建筑风格与形式各不相同的西式楼房已达百座以上，在古老的北京城中独具一格。对此，傅熹年院士曾强调："从建筑史角度看，半殖民地半封建时代是北京发展史上的一个不可回避的阶段，除一些表示建筑发展的例证外，某些不尽如人意的建筑物和令人感到遗憾的风格也同样是这一时期的历史印记，它们共同反映了那个时代的整体风貌。"

随着世界多极化、经济全球化、社会信息化的发展，中华文明的繁荣发展更离不开同世界多种文明的对话和交流。为此，要营造和谐宜居的工作、生活、学习环境，开展文化交流，拓宽精神空间，选择并汲取有利于提高我们文化格局的新观念、新手段。包括借助市场和品牌的力量，引入文化创意、文化金融等，积极探索居商共融，与居民共融共生，实现区域的整体可持续发展。发展新的文化项目不意味着一定要建设新的建筑，让老建筑有"新作为"是更理想的选择。这些 20 世纪遗产保持着高雅的艺术品质，延续着人们的难忘记忆，容纳进了崭新的文化功能，更加焕发出无与伦比的魅力，成为促进城市文化发展的积极力量。

"修旧如旧"是一种坚持

智珠寺创建于清乾隆二十一年（1756），是北京第一个藏传佛教的寺庙。从建造之初，智珠寺就与相邻的嵩祝寺和法渊寺形成了一组较大规模的佛教寺院群，成为当时北京城内重要的藏传佛教圣地之一。智珠寺曾经是皇家御用的印经、藏经所，巅峰时期从事印经人数达千人之多，届时寺内宗教活动频仍，香火不断，还有活佛居住其中。解放初期，智珠寺里居住了很多穷苦的老百姓。20世纪60年代，智珠寺大殿着过一场大火，大殿内直径15~16厘米的椽子被烧剩下杯口粗细，大殿的天花板也损毁严重。

此后，智珠寺内的空间被多个工厂和单位所占据，先后做过金漆镶嵌厂、自行车飞轮厂、东风电视机厂的厂房和办公室，古建筑遭到破坏。与智珠寺一墙之隔的嵩祝寺天王殿和钟鼓楼也被改造为生产车间。直到1984年，智珠寺挂起了"北京市文物保护单位"的牌子。但是，作为工厂时期遗留下来的厂房车间，也不再有人过问。智珠寺长期被人冷落，伫立在那里，孤独落寞。

这样的情况一直持续到21世纪初才得以转变。经过主管部门批准，分别于2005年和2007年将嵩祝寺西路北侧院落和智珠寺最后两进大殿的使用权，转让给了"嵩祝名院"，而将智珠寺山门至大殿南墙之间的前半段寺院的20年使用权，转让给了"东景缘"。智珠寺一进来是一个山门，然后是前殿，之后是一个20世纪60年代的建筑，然后才是大殿。智珠寺在保护与再利用的过程中均融入了社会资本，功能进行了置换，以符合新时代的社会功能需求，这组古建筑得以重新焕发活力。

在山门前，我见到了温守诺先生。他是意大利人，今年58岁，从事金融行业，在中国生活了20多年。1988年，20多岁的温守诺第一次来中国，那时他刚辞去美国的工作，在中国做了六年的背包客，之后在中国工作。温守诺先生喜欢中文"缘分"一词，他与智珠寺的缘分始于2007年。当时，他在上海和北京两地工作，在北京的住所是西城区的四合院，他经常在胡同里散步，也喜欢骑自行车到处溜达。一次他无意间路过智珠寺，觉得这是一处非常美丽的古建筑，但是当时智珠寺的大门紧闭，只能看到大殿的屋顶，其他的地方都被60年代的建筑所覆盖，院内环境杂乱无章。

温守诺看到这么珍贵的古建筑藏在这里，感到很可惜。当时有人联系温守诺说，北京佛教协会希望维修这个寺庙，于是他就决定和好友林凡成立"东景缘"团队，计划一起把智珠寺抢救维修保护起来。作为"东景缘"团队的主要投资人兼创始人，温守诺的生活和工作的重心也由此开始发生了改变。2007年10月，"东景缘"团队开始着手对智珠寺前半段进行维修保护，几年下来，智珠寺并没有被"修复一新"，而是最大限度地保存了历史信息，展现出完整的历史面貌。

刚承接智珠寺维修保护的时候，院子里只有一个特别简陋的旅馆、一家小餐馆，以及一个很小的印刷厂，格局很混乱。维修保护的时间超乎了温守诺先生的想象，他原以为两年时间就可以完成，但是实际干下来用了5年。直到2011年智珠寺维修保护才阶段性竣工，并通过了北京市文物局验收。2012 年，这项工程荣获了联合国教科文组织颁发的"亚太地区文化遗产保护奖"。温守诺说，获得这个奖对于他来说是最为重要，也是最欣慰的事情。

走进智珠寺山门，温守诺先生首先介绍了门内的景观设计。他指着山门内悬挂的一根木梁说，这是智珠寺那场火灾中被烧毁的木梁，此次修缮时把烧焦的木梁从大殿上拆卸下来，没舍得随意处理，就展示在山门这里，希望每一位来到智珠寺的客人都能够了解智珠寺的经历，木梁便成了一个见证了历史的实物进行展示。同时，在山门内的电视屏幕上，正在循环播放几年来智珠寺维修保护过程的纪录片，向来访客人介绍古建筑保护理念，使人们进入之时，就能了解古建筑维修保护的艰辛和情怀。

智珠寺山门内（周高亮摄）

智珠寺

智珠寺古建筑经过使用功能的多次变化，原有的建筑格局已经受到很大影响。前院西侧曾经是一个小饭馆，目前改成了法餐厅。除利用天王殿作为入口处的候餐区，就餐区和厨房区都位于保留下来的原电视机厂厂房中，没有占用古建筑，最大限度地保护了这些古建筑和老房子的完整性。右侧是 20 世纪 60 年代加建的一些房屋，以前是厂房和冷库，目前这些建筑全部进行重修，用一些传统材料改建成为一个画廊，用来展示当代艺术作品，举办免费的艺术展，游客和周围的居民可以在展厅内自由参观。

过去工厂锅炉房的水池也特意被保留了下来，水面上会呈现出古建筑的倒影。同时在水池旁设置了投影仪，在墙面上投射一些写意的画面，水面和墙面交相辉映，黄昏的时候能呈现出迷人的艺术效果。温守诺告诉我，在维修保护工程现场，经常会有新的发现，就需要随时调整方案，并且工程进展的每一步都按程序向北京市文物部门报批，同时保留好大量设计和施工档案资料，例如，天王殿北侧的拱门、大殿殿前的月台等，均是在施工过程中偶然发现的，经过认真记录报文物部门后保留了下来。

大殿维修保护是整个寺庙最耗时耗力的地方，工程进行了一年左右。在大殿外，温守诺指着智珠寺大殿的屋顶讲到，在修复的过程中，希望保留原来的模样，留下时间的痕迹，所以大殿屋顶的瓦片没有更换，而是请工人一片片取下来，擦拭干净再放上去，一共手工擦拭了 6 万多片瓦。那场大火烧焦了大殿的屋顶，大梁变得很细，最细的只有几厘米，非常危险。如果不及时修复，这个木质的建筑就会有坍塌的风险，于是筹备新的木料，进行做旧处理，替换掉了70根几乎要断裂的梁柱，并将从大殿拆下来的木梁存放在殿内展示。

大殿的天花板维修保护也投入了非常多的时间。大火把大殿屋顶熏黑后，当时看不出来房顶的状况，在修复过程中意外发现屋顶有300多块写有梵字真言的彩绘天花板。当时有人觉得没有必要保留，温守诺也不懂什么是梵字真言，但是他觉得很珍贵，坚持修复保护下来，于是就从上海请来画家汤国先生，带着助手在北京工作了一个月，将一块一块彩绘天花板按照中国传统技艺和修复方法，进行揭取、清洗处理后，再重新裱糊到原来的位置，最终有80多块彩绘天花板被完整保留了下来。

在大殿正中挂有白底红字的"团结紧张严肃活泼"牌匾，留在原来的地方，奇怪的是，它既显得有些突兀，又有些和谐。温守诺先生

大殿屋顶

说，工厂搬走之后这个就留了下来，虽然他看不懂中文，但是明白这些词的含义，这也是时代的印记，这和工作团队的氛围非常契合，我们做的就是严肃的事，但是我们的工作氛围又需要团结活泼。由此看来，智珠寺的维修保护不是只选出某个时间节点进行恢复，而是保留了历史发展的脉络。也就是说，在智珠寺内参观，可以体会两条轴线，一条是从山门到大殿的空间轴线，另一条则是从古代到近现代的时间轴线。

如今，智珠寺大殿已经成为了一座小礼堂，没有任何复杂的陈设，但是经常对社会公众开放，包括定期举办钢琴独奏、弦乐四重奏等音乐演出，有的时候还会邀请一些国外的艺术家来表演，因为这里是木结构的空间，比较空旷，声音效果非常好。在这里还会举办各种学术沙龙，目前已经举办了多次历史建筑保护主题的讲座，也会请瑜伽教练定期开办瑜伽课堂，充分利用智珠寺大殿独特的文化空间。

温守诺告诉我，智珠寺还有一个卖望天儿的地方，是很有趣的文化空间，即 Gathered Sky 装置艺术，据说这个视觉装置在全球 60 多个地方都有，但是一般都设置在博物馆内或者由私人建造，普通民众没有机会参与。而这是国内唯一一个在市中心对外开放的Gathered Sky，并且是永久性装置。无论春夏秋冬，每到日落时分，人们可以躺在舒适温暖的垫子上，望向天空，用半小时的时间观察天空颜色的变换。屋内的灯光会随着天光不断变化，每个人都会对所看到的天空有不同的解读，或许是欢快的，或许是忧郁的，或者是充满幻想的。

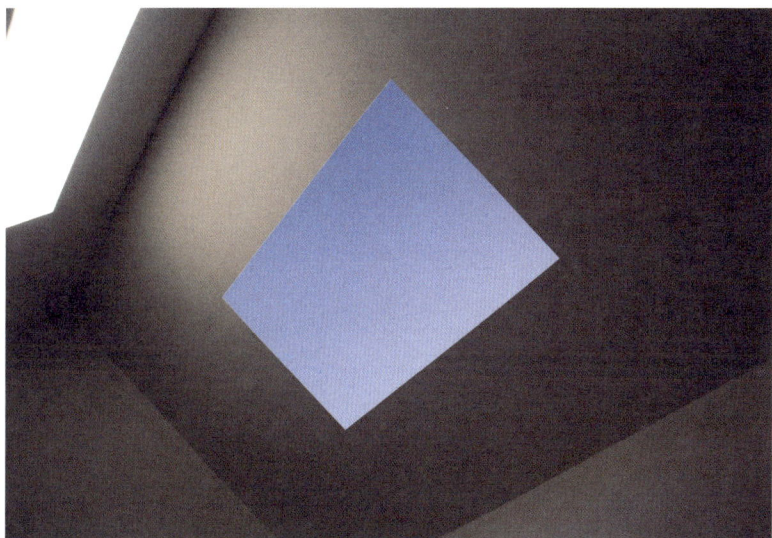

Gathered Sky

　　2010年对于温守诺来说，是最困难的一年，那时候他在上海工作，每周五要搭最晚的航班到北京，然后周一早上再搭第一班飞机到上海。后来他索性辞掉了上海的工作，把自己在公司的股权也卖了出去，集中精力做智珠寺的维修保护。现在，这个数百年的古建筑群落研发出了新文化的经营方式，吸引了更多喜爱艺术的年轻人到这里学习、交流。

　　温守诺是一个外国人，不够了解中国文化，在古建筑修复方面也是外行，但是他希望修缮过后的智珠寺能最大限度保存历史信息。于是，他就随时征求文物部门和专家的意见，在修复过程中为每一座木构件、每一件瓦片编号记录，他认为通过时间洗礼被保留下来的都弥足珍贵。温守诺知道承担了智珠寺古建筑的保护和运营，也就意味着挑起了维护责任。每到雨季，他们都会检查漏水情况，做好各种设施的维护。当年施工团队的师傅，如今也成了"东景缘"团队的好朋友，他每周都会来智珠寺查看一下。回想起来，这一系列工作，对于团队或者公司来说都是困难的。既要有资金支持，也需要技术支持，的确不容易。

智珠寺按要求对社会开放，不收门票，举办的画展、艺术展有些也对公众免费开放，餐厅和茶室服务需要付费，但是均是自愿享用。2018年做过一次不算太准确的统计，一年的时间来过智珠寺的中外游客超过16万人，大部分是年轻人。温守诺相信，来过这里的人，都能感受到文物修复保护的用心和诚意。

一段时间以来，智珠寺保护和再利用引进社会资金的做法都引发着社会的关注。经过第三次全国不可移动文物普查，我国共有76.67万处不可移动文物，数量巨大，种类繁多。如果这些不可移动文物全部由国家负责保护、修缮和管理，将是巨大的人力、物力和财力的支出。但是若直接放手让社会资本参与，则会引发舆论引导与监督不足等问题。针对社会资金参与文物保护，应该通过加强法律制度的引导和规范，用经济管理手段扶持和鼓励，并完善舆论监督机制，循序渐进地引导社会资本和力量参与到历史建筑保护中来。

就北京市而言，目前仍有六成以上的文物保护单位被不合理使用。数量如此众多的文物保护单位仍然有待腾退和修缮，这些失去原有功能的古建筑腾退修缮后，如何利用也是一个很重要的问题。全部恢复原有功能很难实现，全部变成博物馆也不现实，这就带来了一个问题，就是古建筑如何活化利用，为社会再创造出新的文化价值。因此，允许社会资金在投入古建筑保护的同时，享有一定期限的使用权和经营权，不失为一种务实的选择。社会资金投入古建筑保护，在为公益事业做出贡献后，通过合理合法的经营所得，使事业可持续发展。

智珠寺虽然面积不大，但是重新植入了多种使用功能，使古建筑得以活化利用。包括陈列展示功能、餐饮服务功能、休闲活动功能、学术交流功能、文化创意功能等，在这样一个经过精心修复和管理的古建筑中，无论人们是在当中就餐、休息，还是参观、游览，都能潜移默化地感受到中国古建筑所散发出的独特魅力。这无疑将吸引更多的人参与到古建筑保护行列，让古建筑在融入人们现实生活的过程中得到活化利用，重新焕发活力。

对于一个外国人，温守诺很难从字面上理解"活化"的意思，但是他知道，所谓"活化"就是现在的智珠寺虽然不再是寺庙，但是智珠寺依旧能以健康的状态融入现代生活，努力保持与社会公众的亲密关系，维系在当代生活中的凝聚力，从而涵养一种独特的历史记忆与人文气质。只有赋予古建筑新的定位，创造新的社会价值，才能更好地延续城市文化的"根"与"魂"。

如何评判文物建筑的利用是否合理，首先要看在利用的过程中，是否会对文物建筑造成破坏；其次要看利用的性质是否具有一定意义上的公益性，使用的方式是否有助于文化遗产价值的彰显和传承。智珠寺古建筑在古建筑维修保护方面，既通过了文物行政部门的验收，又获得了联合国教科文组织的殊荣，通过合理利用，将一处丧失原有功能的古建筑群，由破败的闲置状态，变成一处集展示、餐饮、文化活动于一体的社区文化中心。

智珠寺地处昔日明清皇城内。明清皇城以皇家宫殿、坛庙建筑群、皇家园林为主体，以平房四合院为衬托，是具有浓厚的皇家传统文化的特色区域。皇城内分布供奉宫廷日常生活的御库和作坊等机构。例如，东城区磁器库胡同和缎库胡同即为御库旧址，还有西城区的会计司、惜薪司等衙署旧址，这些机构多为青砖灰瓦四合院式建筑。高空俯瞰青砖灰瓦与金碧辉煌，构成了皇城独特的风景。

清朝初年，皇城内仍保留着大量明代的内府机构和附属设施，许多宫苑坛庙也依旧存在。从绘制于乾隆十四年至二十六年（1749—1761）的《乾隆京城全图》和乾隆四十七年（1782）编制完成的《钦定日下旧闻考》可以了解到，在乾隆时期，皇城的布局开始逐渐出现更多清代独有的设置，皇城整体更加开放。乾隆年间，皇城门禁松弛已成常态，"皇城内居民甚稠，故东安、西安、地安三门闭而不锁，民有延医接稳者，不拘时候，得以出入"。根据《乾隆京城全图》，这些街巷与胡同有三个主要的密集区：一是皇城北地安门内景山周围地区；二是东安门内南北地区；三是西安门内南北地区。基本呈东多西少，南疏北密的布局状态。

皇城内有序地坐落着十座寺庙，其大多由明清皇帝敕建。因信仰各异，故既有道教庙宇，又有佛教寺院。7世纪，佛教自印度、尼泊尔传至西藏，为西藏、内蒙古等地广为传信，清统治者以宗教维系多民族间的关系，将尊崇藏传佛教定为国策，并于乾隆时期达到顶峰，皇城内先后修建普渡寺、普胜寺、嵩祝寺、福佑寺等藏传佛教寺庙。明代道教盛行一时，明太祖、明成祖等帝王崇信道教，至明世宗达到顶峰，先后敕建大高玄殿，改建大光明殿等庙宇。大高玄殿位于景山前街，是明清皇家的道观。

如今，智珠寺虽位于北京皇城历史文化保护区，但是视野所及的景色，早已不是齐刷刷的青砖灰瓦传统民居，建筑风格混杂着从明清时期的传统建筑，到 20 世纪 60—70 年代的工业厂房，形成高低错落的环境景观。如果按照以前习惯的环境整治和古建筑维修保护方式，有可能会拆除工业厂房，恢复成传统形式的建筑。但是，如今人们认为这些有着半个世纪历史的工业遗存，不应该在环境整治和古建筑修复过程中被不留痕迹地拆除。

"恢复性修缮"是 2017 版《北京城市总体规划》中出现的新名词，要求老城保护应"通过腾退、恢复性修建、做到应保尽保，最大限度留存有价值的历史信息"。留存有价值的历史信息，在过去若干年的尝试中，拆掉近现代建筑，尤其是零星工业建筑痕迹，几乎成了一种通行的做法。今天，保留各个时期历史印记的做法开始获得接受和赞许，支持用更新的方式对整个区域进行设计，探索更好的老城保护复兴方式。保护记忆场所，正在成为城市设计的前沿，成为实施老城保护的趋势，也挑战着传统文化遗产保护的理念与实践。

这里所说的记忆场所，主要是指具有保留并能传承集体记忆的特色场所。虽然目前记忆场所尚未列入文化遗产保护范畴，却是人们寄托乡愁的重要载体，是社会民众生活和休闲，以及创作和创造的空间。长期以来，注重孤立地保护文化遗产，而忽略了大量充满记忆的场所，使一处处文化空间正在消失。要让每一位居民在自己的城市，在身边的社区，就能享受文化保护成果，就需要转变思路，转型发展，保护记忆场所就是一种新的理念与模式，让人们更多地享受历史文化资源，同时为广大民众留住乡愁。

今天社区文化的保护与更新，应该上升到与城市生活品质相关的层面来思考，土地合理利用、邻里关系复兴、文化遗产保护、公共政策支撑、人居环境保护等，都需要进行统筹探究和深刻思考。同时，城市设计必须要研究人们的心理，满足人们的各种需要，并引发人们对社会公正等价值观的理解。要实现"记得住乡愁"的目标，需要拓宽思路。

费孝通先生在处理不同文化关系时总结出了十六个字："各美其美，美人之美，美美与共，天下大同。"作为在北京生活多年的老北京，时刻关注着北京老城的变化，对美好未来充满期待，更为服务古都北京发展而骄傲，为保护北京文化遗产而自豪。北京老城是立体的、鲜活的，文化遗产就在我们的身边，将北京老城整体保护上升到文化自觉的高度。面向未来、依托传统、融合中西、实践当下，也是在坚定中华文化自信。20世纪80年代中期以来，从改善居民生活条件，到以房地产开发为主提高城市经济效益，再到城市广场化、草坪化的城市形象工程，大量历史文化景观消弭于"旧城改造"。当前，既要避免在老城更新改造中"见旧就拆"，又要避免城市建设中"千城一面"的问题。必须明确，老城是北京这座文化古都重要的文化资源，作为文化遗产不可复制，作为历史景观不可再生。所有的更新改造，除了考虑城市功能外，一定还要有对于城市文化发展的考量。

从"城市复兴"的意义上看，复兴是对城市优秀传统的恢复，"城市复兴"还要尊重民众感情。在这些问题上，要更多地站在城市居民的立场上多体会，要考虑几百年城市的历史要素，在规划设计中要注意弥补城市历史记忆，修复社区民众的情感缺失。

活化古建筑所具有的文化意义和教育功能毋庸置疑。但是，从事古建筑保护要有恒心，要耐得住寂寞，要抑制住冲动，要用精雕细琢的工匠精神进行维护，一点一滴，久久为功。即使这样，多年以后回过头来看，变化就会超出我们想象。我在故宫博物院工作了7年多，现在再回望一下，无论是古建筑的环境，还是观众们的感受，都发生了可喜的变化。实际上，这些都是一个庭院一个庭院，一组建筑一组建筑，甚至一块地面一块地面，一个井盖一个井盖地做过来的，来不得半点浮躁和侥幸。

重建的是乡愁

隆福寺地区处于城市中心，紧邻皇宫，地理位置优越，使这里很早就成为民众祈福的重要场所。隆福寺始建于明代，当年称"大隆福寺"，距今已有500多年的历史。隆福寺建成之后，作为皇家寺院，是朝廷的香火院之一，也是北京唯一一座汉藏同驻的皇家寺院。据史料记载，作为城市寺院景观，层层递进的殿堂和院落，吸引着京城文人墨客乐于在此交游娱乐。寺院景色优美，又有佛教独特的庄严与超凡脱俗，自然成为贵族雅士向往的特殊文化空间。作为京城一个重要的寺庙文化空间，随着皇室更替，隆福寺政治色彩渐趋平淡，逐渐适应城市社会发展，转变为一个市民休闲活动的场所。但是，皇室的背景、政治的参与和浓厚的宗教氛围，也是隆福寺的显著特点。因此，隆福寺地区聚集了上至皇室贵族、下至平民百姓的各类人群。隆福寺通过商业途径与城市世俗生活的融汇，成为北京城市商业中心。由于人群众多，沿街也随之出现了商铺与书肆。但是，景泰七年（1456），宫廷发生"夺门之变"，英宗复位，隆福寺随之备受冷落，失去了昔日的辉煌。

隆福寺曾举办京师著名的大庙会，以前每逢农历的一、二、九、十日，人来人往带动了寺庙外一条街的繁华，游客摩肩接踵，在附近王府居住的贵族、东交民巷使馆区的外国人、贫苦市民和近郊农民都会来赶庙会。在这里可以买到各式各样的土特产，可以吃到北京地方风味小吃，可以看到北京地区民间戏曲。据《北京竹枝词》中的描述，隆福寺庙会全盛时期"一日能消百万钱"。

民国时期，隆福寺的古旧书业也形成了一次发展的高峰，成为仅次于北京外城琉璃厂的"文化一条街"，仅古旧书店就有30多家，甚至琉璃厂等地的一些书肆也移到隆福寺地区，隆福寺书肆还在外地设立了分铺。由此，隆福寺地区逐渐成为市民广场与休闲胜地。新中国成立以后，隆福寺的香火依然，庙会也未曾间断，整条街道还是非常热闹，生意依然兴盛。

1958年到1960年，隆福寺地区发生了变化，市场取代了庙会，隆福寺山门以及前部的一部分寺庙建筑被拆除，盖起了商业大棚，对庙会里原来的部分商贩进行重新组织，挂起了"人民市场"的牌子，纵然发生了经营结构的调整，但是市场里还是人群熙攘。到20世纪80年代，市场又改为商场，隆福大厦曾是北京第一家拥有中央空调、引进自动扶梯的商场。隆福寺地区一直都是北京城的重要商业地标，是北京老城最繁华的商圈之一，与前门、王府井、西单齐名。隆福大厦、长虹影城、隆福寺小吃等，是我们那一代人难忘的记忆。

但是1993年的一场大火以后，隆福寺地区便盛况不在。2000年，隆福大厦重新改造，定位小吃、服装销售。2001年，闭门谢客，改造成类似秀水街的服装市场。2003年，隆福大厦数码广场试营业，第二年即关门停业。中间经过数次改造，从传统小吃到服装零批、从纺织产品市场到数码广场，虽然不停地改变思路，但是始终没有回到当初的繁华，隆福大厦风光不再。昔日隆福寺地区呈现出的文化多样性也不复存在，商业文化中的大部分传统老字号已更名换代，演艺文化中的部分剧场已经变成了历史。

　　隆福寺地区处于北京老城中心地段，紧邻故宫博物院，隆福寺又是北京重要的历史文化遗迹之一，对于我来说，长期居住在隆福大厦附近的美术馆后街，亲眼见证过隆福寺地区的兴衰，而今又期盼见证隆福寺地区的重生。2021年1月6日，《我是规划师》节目组来到隆福大厦，在楼下见到了阎照老师，她提议我们到楼顶看看现在的新隆福寺。来到隆福大厦顶楼，首先看到的是四座仿古大殿和三个室外庭院，这是参照已经消失的隆福寺建筑形式，设置的一个文化中心，不仅适合不定时地举办各类文化艺术活动，而且也成为游客打卡拍照的热门景点。虽然隆福寺无法再完整复建，但是通过"概念性活化"再现了"隆福寺"。恢复这样一个建筑形态，可以延续人们对隆福寺的一种怀念，使人们回想以前曾经体验过的热闹场景，找到老北京人心里对隆福寺的回忆。

　　当我们登上隆福大厦顶楼露台，遭遇到扑面而来的7级大风，然而空气质量格外好，可以看得很远很清晰，在不远处就是故宫、国家博物馆，近处有中国美术馆、嘉德艺术中心等文化设施。向下看去是一片正在施工的区域，据了解是在建设长虹影城，那里将成为国内首家以全实景航拍飞行影院为核心的"文旅商"复合空间。隆福寺地区交织着地铁4号线和6号线，通过地铁东四站的织补功能，将这一地区定位为国际文化体验与创新区，重新命名为"隆福寺东院"。隆福广场也将重新命名为"隆福寺南坊"。

　　走过北京的大街小巷，感受这座城市的历史变迁，不同的时期、不同的经济条件，为了不同的目的，由不同的设计师建造的不同功能的建筑，形成不同的历史叠加，共同构成了这座文化古都的独特风貌。今天我们必须看到，这些历史建筑只有融入到现实社会生活，才能展现出它们的魅力，有魅力的历史建筑、有尊严的文化遗产，才能成为促进城市文化建设的积极力量。历尽千帆，隆福寺在百年变迁中不断被赋予不同的空间意义，重生后的隆福寺未来可期。

如今，隆福寺通过"概念性活化"得以再现。在文化遗产保护领域，对于已经消失的历史建筑是否重建，经常会有争论。一些专家认为，严格按照历史建筑的原位置、原形制、原材料、原工艺进行重建的历史建筑，具有文化价值，其效果往往实现了历史建筑精神价值的延续。因此，在全国各地重建历史建筑的案例时有报道，例如西安古城南门箭楼的重建，对于城墙文化遗产的完整性意义重大。但是，也有一些学者认为，重建的历史建筑并不具有文物价值，因此在现阶段不宜提倡历史建筑重建。我认为应尊重专家学者的不同意见，在文化遗产保护中，结合具体案例，进行分析判断。

在中国历史上，复建或者说重建已毁的前代建筑，是较为常见的一种文化现象。例如，黄鹤楼与岳阳楼、滕王阁号称江南三大名楼。在漫长的历史进程中，在历代文人的吟咏中，三大名楼均成为山、水、楼合一的文化景观，屡毁又屡建的过程成为它们所述说的历史组成部分，也反映出历史上坚韧不拔、锲而不舍的保护实践。黄鹤楼早已成为荆楚文化的标志，人们通过兴修毁废的历史，感到黄鹤楼并不仅仅是一座凝固的建筑物，而是充满人文精神的文化景观和文化空间。于是在人们看来，年代并非界定古代建筑价值的唯一标准，文化传统的传承与再现同样具有重要意义。

雷峰塔初建时曾为八面七级，后毁于兵火。南宋乾道年间重建的雷峰塔为八面五级。每当夕阳西下，塔影横空，历代文化名人的文学描述使雷峰塔的人文价值不断得以强化，"雷峰夕照"文化景观脍炙人口。1924年，以其宋塔形象持续近600年的雷峰塔倒塌。1983年5月，杭州城市总体规划获得批复，其中明确"恢复西湖十景之一、并在民间流传极广的雷峰塔"。1999年底，杭州市政府基于展示遗址、完善西湖自然与人文景观、再现"雷峰夕照"美景的目的，决定对雷峰塔地宫进行考古发掘并建造雷峰塔遗址保护设施。

重建的雷峰新塔选址于遗址之上，设计者郑重指出："需要强调的是，雷峰新塔是在新的历史条件下和社会背景中新建的景观建筑，绝不等同于对已经倒掉的雷峰塔的'复原'。新建之雷峰塔目的不是恢复历史建筑原貌，而是基于现代人的审美要求、物质功能要求而建造新的建筑，是当代社会文化和技术条件的写照。"如今，在原址上重建的雷峰塔耸立在西湖南岸的夕照山顶，"一湖映双塔"和"雷峰夕照"景观在消失近80年后重现，西湖中轴线上的五大著名景观因此不再残缺。2011年"中国杭州西湖文化景观"成功列入《世界遗产名录》。正如历史上诸多建筑遗产的重建，雷峰塔的重建也是对文化遗产精神的追求。

在东方文化背景下，人们认为建筑遗产不是凝固的标本，而是有生命的机体，机体的物质循环并不影响其文化意义的绵延不绝。岁月与经历不仅为建筑在物质层面上留下了丰富的生命信息，而且为建筑遗产增添了精神层面的文化内涵。这些重建行动是当代人基于历史建筑的研究，从当代人的审美情趣、物质功能、时代需求的视角出发而进行的文化传承活动。重建以后的建筑遗产仍然延续历史建筑的名称，从而使得历史建筑所具有的部分文化价值、情感价值得以延续，成为历史与未来对话的桥梁。

北京是见证历史沧桑变迁的古都，是世界文化遗产最多的城市，也是不断展现国家发展新面貌的现代化城市，更是东西方文明相遇和交融的国际化大都市。今天，保护文化遗产的目的，除了保存历史遗迹以满足人们对昔日文化的怀念，追溯过往，更是为了从物质层面和精神层面上延续城市文化以及生活本身，使今天和未来世代都能够触摸到传统文化"不能消失的未来心跳"。

营业时间
8:30-21:30

美好理发

第四篇

社区的家长里短

改造源于人居需求

老旧小区更新是城市建设发展的必然议题。据最新数据显示，北京"年龄"超过 30 岁的老旧居民楼保有量约 4 万栋，与此同时，老旧小区在北京的空间分布上又与老年人聚居的区域高度重合。2021年底，北京市 60 岁以上老人已达 441.6 万人，也就意味着每 5 个北京人中就有 1 位 60 岁以上老人。因此老旧小区改造不仅是提升整个城市居住环境的重大战略议题，更是涉及居民生活质量的民生工程。因此，城市社区居家养老环境亟待加快适老化改造，亟须出台相关的标准规范指导适老化改造工作。

对于大型居住社区来说，其功能结构、交通设施的条件与居民的出行、生活有直接的关系，所以解决交通问题并不仅仅只是简简单单地修建道路、开通地铁、增加公交车辆，而有可能是涉及功能布局、生活服务的复杂问题。因此，要深入了解人们对城市的需求，去推动"以人为本"的设计，通过"以人为本"的设计，去营造人性化的居住社区，最终实现可持续的人居环境，这才能在未来的不确定性中，给予人们一个更可控制的未来。

相隔三千米的世界

《我是规划师》节目组来到劲松，以及距离劲松北社区仅 3 千米的国贸中心。劲松居住区位于北京城的东南部，东三环劲松桥西侧，隶属朝阳区劲松街道管辖，是改革开放后北京市第一片成建制的楼房住宅区。走在居住区的住宅楼之间，树影婆娑，身边是缓缓而过的老年人。这里一排排 6 层的老式红砖楼，合围出的却是 20 世纪七八十年代的生活图景。我们此行聚焦如何提升社区居民，尤其是老年人的居住生活品质，探寻老旧小区改造更新的推动方式，探索如何为北京这座拥有 2 亿平方米老旧小区的超大型城市注入新的活力，畅想未来老旧小区中的现代生活。国贸中心则是北京中央商务区的核心地带，身边都是匆匆而过的年轻人。2000 年，我在北京市规划委员会组织编制北京中央商务区规划时，这里还是东郊工业区。短短 20 年就聚集了世界 500 强企业中的 120 家，国际金融、高端商务、国际传媒等高端业态在这里齐聚，成为北京最具活力的街区。这里到劲松地区，可谓一步之遥，一个是时尚现代的新兴功能区，一个是暮气沉沉的老旧居住区。

在 20 世纪初出版的北京地图上，劲松地区标注的地名还是"架松坟"，墓地的主人是清初世袭罔替的八大铁帽子王之一肃武亲王豪格。因其墓地上有 6 棵古代的龙松，弯曲的主干有架木支撑而得名，当年也曾是京城景点之一。大约在 20 世纪 40—50 年代，架松坟的 6 棵古松先后枯死或被砍伐，这个景点便逐渐消失。20 世纪 70 年代以前，架松坟一带除了坟地就是农田。改革开放以后，为了解决北京居民住房紧张问题，国家投资在这里建设了居民住宅区。

1978 年，劲松居住区初具规模的时候，迎来了第一批入住的北京市民。20 世纪 80 年代，劲松北社区一排排六层的红砖楼房组合成的居住小区，是很多城市居民向往的生活图景。40 年前，当我还在美术馆后街 80 号的四合院里蜗居的时候，这里已经是北京当年最"高大上"的住宅区。

在劲松北社区大门口，我见到了社区书记陈波，他是土生土长的劲松当地人。他说，小时候这里还是农村，当地人很多都是菜农。而现在他已经是辖区内 4200 户，将近 11000 居民的劲松北社区居委会书记。由于劲松是改革开放初期建成的第一批成建制小区，社区配套设施不健全，小区道路、绿化、排水等基础设施老化，居民要求改造的呼声一直很高，但是资金来源非常有限。实际上，陈波书记在 2018 年下半年还不知道要调到劲松北社区，当时他还说，这个活谁摊上谁倒霉。

陈波书记说，民间都传说故宫有九千九百九十九间半房间，您就曾经是这么庞大数量房间的"看门人"，每一间房子都应该有一把门钥匙。那么我这里也有一把特殊的钥匙，但它既不是我家的钥匙，也不是我的办公室钥匙，而是劲松北社区内一位阿姨的家门钥匙。这位阿姨说得很实在，平常就是她在这里自己住，如果哪天发生了紧急的情况，就打个电话，我拿着钥匙就去开门，帮她解决燃眉之急。虽然阿姨的想法很简单，但是这毕竟是一个家庭的钥匙，她把钥匙给我，我在收获信任的同时，更要承担责任，这是很重的托付。这把钥匙陈波书记始终就搁在他的抽屉内能方便拿取的位置。

于是，陈波书记建议和我一同去走访这把钥匙的主人家。这把钥匙的主人是王金霞老师，她今年75岁，十几年前老伴儿突患胰腺癌，一个月就去世了。如今，她一个人在劲松北社区居住，她让儿子每两天必须给自己打个电话。身为退休医生的她从不忌讳谈生死，她深知突发意外，对于这个年龄的老年人来说，是每一天都要面对的现实问题。过去与儿女就是"一碗汤"的距离，做一碗汤到他们家还是热乎的，现在不行了。一旦自己觉得不行，身边没有亲人，需要赶快求助好心的人。

王金霞老师告诉我，她家楼上（219楼1门）的18号，家里儿女不在身边，也是一位独居老年人。2018年春节前，大家发现老爷子一直没下楼，儿子回家才发现老爷子已经走了好几天。头两年，住在一区的一位老师同样也是独居，邻居闻到异味后报警，民警来了以后，社区领导过去打开门，才发现老人在门口趴着，早已在家中故去数日。所以她现在就吸取教训，配了好多把钥匙，社区的主任、书记都有她家的钥匙，包括舞蹈队的队友，有车的、积极的、年轻的、愿意帮助人的，就给他一套钥匙，有事就求他们帮忙。

实际上，与王金霞老师有同样顾虑的老人并不在少数。我就特别有同感，十几年前，我的岳父岳母80多岁的时候，身体都不好。岳父只能在床上躺着，白天由岳母照顾他，但是岳母比较胖，有一次她跑着接电话，结果不小心摔了一跤，躺在地上爬不起来，岳父在床上躺着干着急，过了一个多小时，孩子下班才给岳母扶起来，去看医生。当时虽然两个老人在一起，还都很无助。在劲松北社区，60岁以上的老年人占比高达39.6%，接近40%。这其中又有52%的老人属于独居老人。在王金霞老师居住的219楼1门，60岁以上的老人就占大多数，他们也是入住劲松北社区最早的一批居民。

目前，中国正在经历经济转轨、社会转型和文化转变的深刻变革；同时，也正在经历人口快速老龄化的时期，即从年轻社会到老龄社会的急剧转变。截至2018年底，中国65岁及以上老年人人数为1.58亿人，占全国总人数的11.4%，有4500万失能和半失能老年人。预计到2030年，中国65岁及以上的人口比例将达到全球最高。故宫博物院一共有1450名员工，在我担任院长的7年多时间里，就退休了将近500人，所以中国已经进入老龄化社会，如何在社区中更关心老年人的生活，这是一个非常现实的大问题。

王金霞老师拿出老相册，对着照片讲历史。她说劲松地处北京东郊，当年地理位置鲜有人知，不通公共汽车，甚至连通往居住小区的路也还没有修建好。第一次到劲松来看房是1979年，那时候她才

35岁，还是带着两个孩子的年轻母亲。他们是从崇文门坐3路公共汽车，到垂杨柳双井站下车，下车以后往劲松方向走，沿路问劲松小区在什么地方，很多人都不知道，他们走了将近3站地。那天刚下过雨，地面上有好多积水，她带着两个孩子很不方便，把老大背过来搁在那边站着，跑回去再背老二过来，当时看一次房子都这么困难，交通特别不方便。

王金霞老师记得当年之所以放弃前三门的房子而搬来劲松，还是因为看了当年北京的城市规划图。劲松、团结湖都是当年北京最早规划的成建制居住区，虽然初期劲松不为人知，而且偏僻，出行购物都有诸多不便，但是居住区的住宅质量非常好，为人们所羡慕。尤其是向南的房间宽阔敞亮，高大通透，单元内南北通风，而且是唐山地震以后盖的楼房，所以抗震标准特别高。同时，住宅建筑层高2.9米，而北京的住宅建筑一般都是2.7米的层高。最为吸引人的是，住宅内有暖气和煤气双气，直到现在北京市内还有家庭使用煤气罐，但是这里当年就有管道煤气，打开阀门就能使用，室内的卫生间也很方便。总的来说，这里的住宅建筑无论是结构，还是质量，都令人满意。

20世纪70年代末、80年代初，219楼1门的老住户们陆续搬入，最年长的要数住在7号的杨老太太，当时她已经年届60岁，刚刚退休。其他住户大部分都是刚刚成立家庭的年轻人。劲松一区、二区总建筑面积约20万平方米，兴建之初就是北京标准最高的居住区，能够入住这里的居民，心里都有一种"骄傲感"，大多都是有一定社会身份的居民。王金霞老师和同样住在219楼1门的朱振老师都是劲松北社区建成后的第一批居民，也是楼上楼下 40 年的老邻居，他们的父母都是当时落实政策的老干部。王金霞老师说，当年女排国手陈招娣也曾是他们楼上的邻居。当年住在劲松居住区的还有张丰毅、吕丽萍、姜昆、侯耀华等演艺界人士。

朱振老师当年 32 岁，他的妻子张玉新 31 岁。那时乔迁新居的他们，就像朱自清在散文《春》里写到的那样"刚起头儿，有的是工夫，有的是希望"。他们都是 1979 年从内蒙古返城的知识青年，刚一回北京朱振老师就双喜临门，3 月在北京第三通用机械厂当了钳工，4 月就因为落实政策搬进了刚刚竣工的劲松北社区。当时和他们一起下乡的知识青年回到北京以后，因为没有工作，没有住房的大有人在，占的比例应该超过 90%。那时如果有一间临时房子，或者跟父母挤一下，跟兄弟姐妹挤一下，就算不错了。因此可以说，朱振老师无疑是幸运的。

20 世纪 70 年代末，伴随着知识青年返城，中华人民共和国成立以后出生的一代人进入婚育年龄，本就不算宽裕的北京住房形势愈加严峻。1979 年，北京的住房困难户有 40 万，严重困难户有 10 万，对于当时人均住房面积仅有 4.2 平方米的北京人来说，劲松居住区的居民无疑是当时北京享受到改善住房的第一批幸运者。此后没过几年，劲松一带就开始繁华热闹起来。劲松地区毗邻的双井地区，当年号称"东三厂"，从广渠门起，分别是北京起重机器厂、北京建筑机械厂、北京第三通用机械厂，都是 1954 年前后建设的很重要的工业企业。从大北窑往南整个都是工业区，也是北京的纳税大户。

朱振老师曾在北京市档案馆查到过北京早年间的地图，上面就有自己工作过的北京第三通用机械厂的名字。20世纪80年代，劲松商场、劲松电影院相继开张。朱振老师说，他对劲松电影院最熟悉，因为当时他在工厂的工会工作，给职工订票一订就是几千张，不仅看电影，搞活动、开大会也都在劲松电影院，因为周边工厂多，经常约不上。朱振老师说，劲松电影院的常客还有相声演员姜昆，20世纪80年代他和李文华都曾在劲松居住，不少劲松的老居民还记得他们在劲松电影院里说过的相声，更有不少劲松的老居民和他们在生活中有过交集。

然而40年以后，劲松北社区这个在北京曾经风光的住宅小区，却已经被时间打磨得逐渐褪色。劲松居住区建成以后，居住区、居住小区逐渐不再是陌生的名词，方庄、望京、回龙观、天通苑的名字，逐渐出现在北京的城市版图之上。韶华易逝，40年过去后，劲松北社区不仅小区设施逐渐落伍，楼龄也已经超过了40年，呈现出老旧小区景象，同时居民们年龄也越来越大。当年健步如飞的年轻人也都步入古稀之年。人与房俱老成为现实。

实施改造提升前，劲松北社区普遍设施老旧，缺乏绿地和文化体育设施、停车设施，而且没有物业公司。可以用"四老一差"来形容，即街老、院老、房老、设施老、生活环境差，几乎所有老旧小区面临的窘境在劲松北社区这里都有。因此，今天关注的视角是老龄化遇上老旧小区，以及"四老一差"背后的困局。对于这样一片"无物业、少配套、缺管理"的老旧小区的改造，如何在过去"修道路、调管线、加保温、增电梯、改造外立面"等做法的基础上全面提升居民生活质量，形成长效管理机制，成为劲松北社区建设的民生实事。

长期以来，规划建筑法规和标准体系适合于现阶段的规划和建设，老旧小区的改造难以依赖其进行工程项目的实施，同时改造工作在资金筹措、后续管理方面也缺乏模式上的指导，这是我国各地老旧小区改造的困境难以突破的重要原因。《北京城市总体规划（2016年—2035年）》第94条规定："建立精细治理的长效机制，推进城市环境治理更加精准全面，既要管好主干道、大街区，又要治理好每个社区、每条小街小巷小胡同。"第95条规定："完善社区治理机制，建立社区公共事务准入制度，推广参与型社区协商模式，增强居民社区归属感。加强社区综合管理，健全常态化管理机制，完善配套设施和管理体系。"

劲松街道一共有56个小区，像劲松北社区这样无物业的小区，或者物业不到位的老旧小区就占到了一半以上。陈波书记告诉我，劲松北社区居委会有16人的编制。当时社区没有物业，从管理力量上来说，根本达不到服务居民的要求。例如，社区的绿化、保洁、垃圾清运，一年就需要140多万投入，这还不包括那些无主垃圾的清运，如果再加上无主垃圾清运，一年大概需要200万的样子。仅劲松北社区就需要这么大的投入。原来北京市有规定，居民每月交3元的卫生费，还有3元的垃圾清运费，但是一般只收3元钱卫生费。

劲松北社区曾在2008年和2013年经历过两次大规模的改造提

升，由政府投资对老住宅楼进行抗震加固、外墙保温、道路修补、管线更换等改造工程。虽然钱花了不少，劲儿使了不少，但是未能从根本上改善居住条件，居住小区的面貌也没有明显改观。当时小区道路上自行车乱停放，两侧店铺外立面破旧，外摆摊子几乎摆到了路中间，环境脏乱、绿化缺失这些老旧小区的常见问题，真是一样都不少，因此居民的获得感不强，并不买账。因为与居民切身利益相关的问题没有得到解决，无论是养老服务、停车设施、社区环境还是公共设施，这些关乎居民幸福感的方面，并没有得到改观。

老旧小区改造之难，难在涉及协调多个主体、平衡多方利益、解决多种问题。牛磊是劲松北社区居委会主任，他说无物业的老小区像个无底洞，政府年年投钱，可永远填不平。这并不仅仅是劲松北社区的困惑。据统计，北京市共有住宅小区 11728 个，楼龄超过 30 年的老旧小区有 4510 个。其中，无物业管理的占 51%，大多数都采取了政府兜底的模式。牛磊说："都说小区是三分建，七分管。小区改造后的确能光鲜一两年，可是没有专业的物业管理，设施没人维护，很快就又回到了原样。"过去的改造提升后，由于没有后续持续性的维护养护，基本上 3～5 年就又恢复到原来的状态，重复性的投入造成了资金浪费。

改造整治之前，居民反映的问题包括小区公共空间狭小，道路窄，停车难，违建多，小区没有封闭管理，地面坑洼不平，遇到连续下雨化粪池就堵塞；总结起来，就是房屋破败、设施老旧、公共管理服务落后。如今，改造整治方式通过引进社会资本投资，增设停车场，完善公共服务配套，平整路面，搭建智慧门禁，推动小区宜居度整体提升。最重要的是将小区公共生活服务配套设施的运营管理收益作为物业服务费用的来源渠道之一，通过引进物业服务巩固改造成果，实现小区后续长效管理，使老旧小区改造提升成为惠民生、扩内需的重要手段。

按照北京市相关政策，在无物业管理的老旧小区，由政府拿出资金开展保洁、绿化、垃圾清运等基础兜底服务。即便是标准不高的兜底服务，这笔支出年复一年叠加起来，也足以让属地政府感到压力。光花钱还不够，街道办事处、居委会都要拿出精力对绿化、保洁等第三方公司开展监督考核，这些工作让原本就已经满负荷的基层机构更加忙碌。每当改造提升项目实施前，街道办事处和居委会就配合贴通知，告知居民项目实施时间和内容，先施工后做解释工作，实际上街道办事处和居委会非常被动，很难达到居民满意的效果。实践证明，仅靠政府过去大包大揽、一刀切式的管理方式，劲松北社区的困境将无法破局。

2018年7月，劲松北社区准备启动新一轮老旧小区改造计划，这一次从街道到社区都希望转变管理和运营方式。经反复调研后，劲松街道与具备投资、设计、运营等全链条业务能力的民营企业北京愿景集团签订了战略合作协议，授权北京愿景集团作为社会资本主体，参与劲松一区到八区整体综合整治与改造提升，并将劲松一区、二区作为先期试点开展工作，合约期为20年。实现一定期限内投资回报的平衡，形成社会机构对城市老旧社区改造介入的吸引模式，逐步探索出一种社区长效发展的创新实践。北京愿景集团签订协议后，将投入 3000 万元资金作为投资回报，获得社区内低效闲置使用空间 20 年的经营权。

当时，对新一轮老旧小区改造计划，居民们议论纷纷，社区又要进行改造，这回还是一家民营企业。一部分居民期望值挺高，希望通过改造提升改善居住条件和环境；另一部分居民抱着观望的态度，对于改造提升会是什么结果心里没有底；还有一部分居民就是不太支持，甚至有的居民质疑民营企业，怀疑是打着国家改造提升的名义，把项目款往私人兜里装。也有的居民说，引进民营企业今天有资金，愿意干这事儿，明天资金没有了，一拍屁股走了，事情干了半截，等于没有干，弄不好还有破坏性。

老旧社区改造的根本是让社区居民满意，那么什么才是居民的迫切需求，如何改造才能让居民们满意，面对这些问题，北京愿景集团的企业项目团队在改造初始，为精准定位居民的需求，召开了 20 次居民议事会，以及数十场社区居民调研访谈，先后入户访谈人数共 2380 人。通过现场调研、召开评审会等方式与居民们深入交流，充分尊重民意，广泛征求社区居民的意见，力争用数据说话，深入了解居民需求，得出社区居民最迫切希望得到改善的内容，然后"对症下药"，制订改造方案。

调研发现，居民对社区现状的改造需求主要集中在以下 5 个方面：一是缺少公共空间，占 18%；二是缺少绿化、环境卫生差，占 43%；三是缺少停车位，占 29%；四是楼体、楼道、基础设施等整体老旧、破败，占40%；五是需要加装电梯，占14%。在此基础上，北京愿景集团的项目团队及时根据劲松北社区居民的需求，制订改造工作计划，为社区居民营造舒适、安全、便捷的生活环境。在硬件逐项改造提升后，按照"先服务，再体验，后收费"的原则，让居民"先尝后买"。

2019年6月，经劲松一、二区的业主投票，北京愿景集团物业正式入驻。这也是北京市首个有社会资本介入的老旧社区物业管理项目，而引入民营企业开展物业管理，这样的尝试，即便放眼全国，当时都没有先例，效果如何，大家心里没有底。北京愿景集团物业入驻后，消夏市集、跳蚤市场、公益电影等这样的社区活动每周至少举办一次，丰富多彩的活动拉近了邻里关系。社区居民说："夏天的时候，劲松园总会在周末放映露天电影，我记得放《战狼》那天，小区有300多人来看，真的是好久没有这么热闹了，像是回到了小时候，感觉真是太妙了。"

一年以后，以劲松北社区为试点，劲松街道首次引入社会力量，利用社会资本，推进老旧小区综合改造和有机更新的"一街、两园、两核心、多节点"示范区项目亮相竣工。一街，即劲松西街；两园，即劲松园、209小花园；两核心，即社区居委会、物业中心；多节点，即以社区食堂、卫生服务站、美好会客厅、自行车棚、匠心工坊等为改造重点，围绕公共空间、智能化、服务业态、社区文化4大类16小类30余项专项作业开展的实施改造。这一系列改造提升项目，使40岁的老旧小区旧貌换新颜，得到了广大居民的充分认可。

此行我们顺着劲松路，拐弯走进劲松北社区，眼前乳白色宽阔敞亮的大门让人眼前一亮，社区内一排排红色的楼房整齐地排列着，无论是街巷还是楼间都干净清爽，停车有序，居民进出可以"刷脸"，小区以前混乱的电线、天线也全部不见了踪影。小区门口的便民商店里，蔬菜粮油一应俱全。来到改造完成的劲松园，过去曾经只是一片小广场。小区里的孩子们原来总是无处可去，如今在社区活动公园内增设了儿童游乐设施，这里充满了孩子们的欢声笑语。木质的长廊里、树下的棋牌桌和健身步道上，都有居民在活动，有的下棋，有的聊天，有的散步，有的在踢毽球，社区居民怡然自得地享受着冬日的阳光。

社区活动公园

再向前，来到 209 小院，透过拱形的院门，可以看到院中充满生机的红色凉亭边挂上了红灯笼，充满了喜庆的气氛。在阳光充足的东北角，两排宽窄不同的晒衣杆在阳光下伫立，居民可以在这里晒被子。院中还有大片的绿地，小院还安装了人脸识别门禁系统，大幅提升了院内安全度。209 小院旁边就是自行车棚和匠心工坊，居民居家过日子所需的柴米油盐及理发维修服务等，不出社区都能够解决。整洁干净宽敞的社区食堂可以供应一日三餐，不仅干净卫生还价格低廉，吸引了不少居民，尤其是一些不太方便做饭的老年居民。

2020 年 5 月 1 日，《北京市物业管理条例》正式施行。此前，共有 13417 名三级人大代表参与到"万名代表修条例"活动中，征求了 23007 名市民、社区工作者和物业管理者，以及 231 个单位的意见建议，在北京市政协开展立法协商过程中，共提出 240 条意见建议。北京市人大表决时明确提出，支持社会资本参与老旧小区综合整治和物业管理。这意味着，北京市从立法层面正式支持社会资本在解决老旧小区综合改造的过程中发挥积极作用，其中"先尝后买"的"劲松模式"被写入条例。

同时，北京市给街道办事处赋权增能，将街道原来"向上对口"的 20 多个科室精简为"向下对应"、直接服务居民的"六室一队三中心"架构。北京市明确，老旧小区综合整治必须先成立业委会或物管会，注重整治改造与长效管理的有效衔接。所有改造项目，包括楼房本体、设施改造、环境提升与规范物业管理引进同步开展，对改造后的小区全部形成物业管理长效机制，使改造成果能够得到长期保持。

《北京市物业管理条例》为老旧小区综合整治提供了法律依据。例如，针对一些老旧小区没有条件成立业主大会，也没有业主委员会的问题，《北京市物业管理条例》结合老旧小区实际，首次提出可组建过渡性质的"物业管理委员会"来临时补位，为期3年。同时，明确了物业管理委员会的临时性、过渡性定位，以及物业管理委员会的职权有限性。为此，条例指出，街道办事处、乡镇人民政府负责组建物业管理委员会。物业管理委员会作为临时机构，组织业主共同决定物业管理事项，并推动符合条件的物业管理区域成立业主大会、选举产生业主委员会。

舍不得便留下

老旧小区改造面临的最大困难一直都是资金问题，运营者一定要获得收益，如果不产生新的盈利空间，自然没人愿意投入资金，但是要保障的是微利可持续。北京愿景集团实施劲松北社区老旧小区的改造，投入了3000万。虽然企业投资改造解了燃眉之急，但是下一步面临的最大难题是如何盘活闲置空间，能不能收回成本，以及保持改造工程的可持续性，这是问题的关键。于是，劲松北社区盘点了社区的配套用房、人防工程、闲置空间，然后逐步分批交由企业开展经营。这样既可以使企业逐步收回成本，也可补足老旧小区生活性服务业的短板。

按照整体工作部署，北京市将老旧小区综合整治纳入重点工程，对改造老旧小区的范围、内容、具体实施办法等做出了详细规定。老旧小区改造涉及很多方面，这其中的每一项都和居民生活息息相关。老旧小区改造整治不可能一蹴而就，环境提升后如果没有持续管理，可能一年半载就会回到过去的状况，这就要依靠居民自治组织以及物业公司。社区以前虽然有物业，但是因为收取不到物业费，物业公司也不愿意强化管理。然而，现在物业公司可以通过有偿服务维持开支，能真正投入到社区管理和环境提升工作之中。

在尊重居民意愿的前提下，需要在公益和营利之间寻求一个平衡点。如果以20年合作期来计算收益，低效闲置空间经营所产生的租金收入占北京愿景集团投资回报的46%，其余54%则由物业管理费、停车管理费、多种经营收入，以及3年扶持期内的政府补贴构成。其中物业管理费约占总收入的26%，仅次于闲置空间租金。此外，停车管理费占19%，其他款项占9%。除了盘活闲置空间，企业还通过后续物业管理、便民设施付费等多种渠道，实现投资回报平衡。据测算，企业投入的改造资金约在10年左右全部收回，并实现微利、可持续经营。

对于经营收入来说，物业管理费和停车管理费是比较稳健的投资回报方式。目前物业管理费的收缴率已经达到80%，而停车管理费一直保持在94%左右的收缴率。在物业管理费方面，按目前的收缴率，并以低层住户每月 0.43 元 / 平方米、套均房屋住宅面积 55 平方米为标准，结合劲松一、二区总户数的实际情况，每年物业管理费总收入约 80 万元。在停车管理费方面，小区共有停车位约 600 个，每个停车位的年费约为 1800 元，依照 94% 收缴率，每年停车管理费总收入约 102 万。

老旧小区改造是重大民生工程和发展工程，也是重大社会治理工程。长期以来，劲松街道的绿化、保洁工作一直由北京园林绿化部门外包给专门的保洁公司。目前，劲松北社区内的保洁、绿化工作已经由北京愿景集团旗下的和家物业接管。政府给予了为期 3 年，每年 143 万元的转移支付。

老旧小区改造是一项复杂的系统工程，是从新建和推倒重建式的增量拓展，到资源重新适配的存量优化思维的转变，对应着城市更新和开发建设方式转型。目前，除了日常业务外，北京愿景集团旗下的和家物业已经投入对劲松一、二区的智能化改造和适老化提升中。在可经营性物业改造上，和家物业添置了一些"使用者付费"项目，例如公共饮水机、快递驿站等，并提供了一些家政、保洁等便民服务。同时，北京愿景集团对劲松三区至八区启动物业确权和进驻工作，随着物业管理面积的扩大，物业成本将会摊薄，收入也会增加。

利用社会资本开展老旧小区改造的尝试，使老旧小区"自我造血"可持续发展。都说赔本的生意没人做，那么劲松北社区由民营资本来主导的老旧小区改造，是否可持续？劲松北社区提供给北京愿景集团 1700 平方米低效闲置使用空间，引入便民服务的业态；并不是说每项业态的引入，都要满足高回报、高收益的要求，而是满足基本回报率的要求。过于追求经济效益，就满足不了居民真实的需求；但是，如果不能获得必要的经济收益，对于社会企业来说，又不能满足可持续性服务社区的要求。北京愿景集团把使用空间以低房租提供给便民服务经营者，等于把收取房租的一部分利益让给了社区居民们。

虽然采用了市场化操盘的模式，但是劲松北社区却始终引入投资回报并不高的便民商铺。这是因为在老旧小区中，人均消费能力有限，消费需求不足，便民商铺是较为契合的商业模式。那么，对于建筑密度大的老旧小区而言，将闲置空间再利用作为主要营利来源，一方面无法增添容积率，另一方面地下空间开发成本高，也涉及产权、安全等其他问题，是否具有可持续性，也是人们担心的事情。事实上，在成熟的居住社区中，难以增加建筑面积，但随着人们生活水平的提高，在增加服务项目方面存在很大的空间。

北京愿景集团没有为了面子好看去进行改造，而是把资金用到该用的地方，改造项目与居民的生活息息相关，居民需求能得到满足，把社区居民的需求、诉求放在首位，引入居民自治共管理念。在老旧小区改造提升工作中，"共同"二字是关键和核心。坚持共同缔造理念，坚持民众主体地位，强化民众参与机制。改造整治前问需于民，形成共识；改造整治中问计于民，达成共建；改造整治后问效于民，实现共评，做到社区民众满意才能通过。由此，居民从原本不关心社区建设的"局外人"，变成了为社区建设贡献力量的"主人翁"，也在共同建设中得到了更多的获得感。

劲松北社区在改造前存在便民设施不足的问题，但是究竟需要引入哪些便民业态也是一个难题。为解决这一问题，项目团队挨家挨户进行了详细走访调查，分年龄段，针对青年、中年、老年三类人群的需求进行了深入调研。调研结果表明，中年人群和老年人群的需求以便利居家生活为主，希望增加菜市场、生鲜蔬菜店、社区食堂、早餐店、理发店和生活超市。而青年人群则希望增加社区健身房、餐饮、代收快递、外卖等服务，他们对社区图书馆和咖啡厅也有较大的需求。基于此，根据劲松北社区人群配比，合理布局，利用改造后的空间引入了大量的便民业态，大大方便了居民的日常生活。

朱建涛师傅是劲松北社区的老裁缝，今年 53 岁，1986 年从江苏南通来到北京，在劲松北社区已经经营了 34 年裁缝铺，他记得相声演员姜昆还来改过衣服。朱建涛师傅的裁缝铺是劲松北社区兴衰的见证。20 世纪 80 年代，朱师傅还是 20 来岁的小伙子，他在劲松从学徒干到掌柜，后来把老家的对象也娶到了北京，就安家在劲松北社区。那时候条件比较艰苦，风吹日晒地在外边营业。当时做服装的人比较多，以加工为主，加工一条裤子才 3 元 5 角的手工费，加工一件上衣，10 多元的也有，20 多元的也有。

如今朱建涛师傅的儿子都已经 27 岁了，他常常慨叹自己老了。目前只有老一辈人还有改衣服、定制的习惯，但是随着一代人的老去，甚至是故去，他的裁缝生意越发举步维艰。"韶华岁月染时光，暮年将至，老来何所依。"漂在北京 30 多年，朱建涛师傅最后悔的是当年没有在劲松北社区买房，自己和老伴儿总感觉没有归属。如今已过知天命的年纪，朱建涛师傅还依然坚守着自己的裁缝铺，唯一的理由就是割舍不下这里的老人。很多老主顾上了岁数，记性不好，甚至就把自家钥匙放在裁缝铺里，更有独居老人上医院看病还需要朱建涛师傅的陪护。

近年来，一些老街坊搬走了，搬到燕郊、东坝的都有，离这边比较远，但是他们有时候修改衣服还回这里来。朱建涛说，刚开始劲松北社区就是营生的地方，但是经过几十年的接触，感觉自己也是这里的一员，想到将来要离开这里，特别难受，既特别舍不得，也特别无奈。2019年，劲松北社区改造提升启动伊始，朱建涛师傅曾经非常忐忑，不知道规划成什么样子，到底怎么安排他们这些长期为社区服务的人，有没有安排这一说，都是一个未知数。民营企业北京愿景集团会不会借着改造提升的名义，把他们这些做生意的外乡人赶出去。

在劲松北社区的改造提升过程中，很多人的命运也由此发生变化。朱建涛师傅虽然早就在老家南通买了房子，现在的生意又大不如前，但是几十年了，有感情了，真要离开劲松，自己又像没了魂儿。在劲松北社区自行车棚的整体改造中，朱建涛师傅租下了车棚的一部分闲置空间，他的裁缝铺又可以继续为老主顾们服务。朱建涛师傅心里特别高兴，一想几十年在劲松北社区还是没有白干，还是有很多人惦记着他和他的裁缝铺。这其中还包括陈玉贞师傅苦心经营了20多年的小理发店，还有很多离不开小两口的劲松北社区的老人们。

清晨，我来到美好理发店，一边理发，一边与陈玉贞师傅聊了起来。她操着一口流利的北京话，竟让我忘了她是来北京务工的外乡人。相比朱建涛师傅经营了 30 年的裁缝铺，陈玉贞师傅经营的便民理发店时间稍短，但是也走过了 20 多个春秋；从最初的街边理发摊儿，到后来的小理发店，劲松北社区的老人们都离不开她们夫妻俩的手艺。陈玉贞师傅两口子的服务态度特别好，经常上门理发，即使有的老年人躺着不能动，一个电话打来，他们就到家里给老人理发。还有就是价格特别便宜，劲松北社区的老年人理发仅 20 元钱。陈玉贞师傅说，社区的老年人都是长辈，像父母一样，服务时间长了就特别有感情。

陈玉贞师傅经营的理发店

2018 年 8 月，在劲松北社区改造提升过程中，他们曾经经营租赁的房屋因为是危房将被拆除，由此开在危房里的理发店只能关闭。可是一时又找不到合适的地点经营，他们只能在路边营业。陈玉贞师傅说，当时根本看不到希望，在这里经营了这么多年，老主顾都在这里，也这么熟悉，要是再年轻一些，还有信心去别的地方再开店；现在已经 50 岁了，随着年龄的增长，要重新创业也很难，所以当时挺绝望的，离开就意味着一家人的生计成了问题。她也想过实在没有办法，就只能回老家，不再干了。在陈玉贞师傅最无助的时候，是劲松北社区的居民给了他们安慰。

由于陈玉贞师傅两口子经营的理发店长期以来为社区的老年人热心服务，赢得了居民们的挽留。一封联名信送至居委会，信中恳请留下这个便民理发店，延续温情。陈波书记给我展示了 100 多位老人的联名信，这是他来到劲松北社区收到的第一封居民来信，是 100 多位老年人要求居委会保留便民理发馆。在信上老人们都是一笔一画手写的签名，有些签名明显能看出老年人书写的艰难，附在信上的内容有年龄、有电话、有住址。我在信的正文中看到这样几句话："劲松二区是老旧小区，社区内老年人多，可是老年人行动不便，无法走很远去理发。快过年了，想美一美的老人们正为不知去哪儿理发而发愁呢。"

不久，陈玉贞师傅就被告知，作为腾退的便民商户，他们可以低价租到小区新建的商铺，想不到生意又得以起死回生。2019 年 8 月 26 日，新美好理发店正式开业。夫妻二人在劲松二区靠近马路的位置，拥有了自己的合法固定的经营场所。陈玉贞师傅说，现在有的时候一边干着活，一边还不敢相信真的拥有了这个理发店，简直像做梦一样。如今，理发店得以重新开张，两口子除了日常在理发店里照看生意，还会不定期去老人们家里理发。陈玉贞师傅表示："为了回报社区和居民，给来我这儿理发的 60 岁以上老人打折，80 岁以上只要提前预约，我就上门服务！"

如今，和朱建涛师傅、陈玉贞师傅一样，修鞋匠、保洁员、水果摊主等社区的"老朋友"，都继续留在社区里为居民们服务。留住这些服务社区几十年的老朋友，不仅让居民生活记忆得以延续，也让冷冰冰的改造多了几分温情。留住便民业态不仅是居民们的意愿，也是劲松北社区改造提升中颇具探索意义的一次尝试。

与很多老旧小区一样，劲松北社区在 40 多年前建设时就建设有一部分社区配套用房，它们零星分布在楼前屋后，面积大小不一，有的曾经被当作自行车棚、锅炉房、小仓库，更多的房屋则一直"铁将军把门"。常年空置的房屋，如今成了破题的关键。朝阳区房管局、劲松街道对配套房屋开展测算，并授权北京愿景集团改造其中的1700 平方米，作为可经营性资产用于出租，获取合理收益。盘活社区闲置资本，里里外外一番装修，这些社区配套用房摇身一变，成了便民餐厅、匠心工坊、理发馆、小超市。

209 号楼的车棚是社区的一处配套用房，也是此次盘活闲置的典型。这个车棚南北狭长，面积约 200 平方米，里面却总是空空荡荡，停不了几辆车，大部分空间常年处于闲置状态。劲松北社区为了车棚的整体升级，举办了一场"选美"大会，在自行车棚设计改造中，邀请高等院校、社会机构等提供设计方案，组织居民代表参与方案评选，以及就便民服务业态进行投票，获得居民的好评。目前，经过改造提升后的新车棚已经投入使用，车棚一部分升级成智能车棚，电动自行车也不担心没地方充电。升级后的车棚，通过提高停车效率节省出了空间，这些空间被改造成了服务综合体。车棚的北侧部分出租给了"匠心工坊"，为居民提供保姆家政、家电清洗，以及修锁配钥匙、电器修理、鞋类打理、洗衣等便民服务。在车棚的一角，立着一个"奇怪"的机器，原来是一台"自动面条机"，用户只需拿出手机扫码付款，就可以得到一碗热乎乎的汤面，既智能又便捷。老街坊们感觉到，这次改造的确发生了很多积极的变化，自己不再是置身事外的局外人，每一项改造都是居民的实际需求，只要意见合理就能得到及时的回应。

我们观察到，在北京愿景集团引入的经营项目中，除了保留朱建涛师傅的裁缝铺、陈玉贞师傅的理发店这样的便民商户外，还新增了百年义利这样的连锁食品企业入驻。前者属于公益扶持型，收取较低的租金；后者的租金渐与市场接轨。209号楼的车棚并不是个例，在劲松一、二区，共有千余平方米闲置空间以这种方式进行盘活。在开拓营利空间的同时，盘活闲置空间还为居民提供了更多的舒适和便利。此前多年，没有企业愿意把资金投入小区改造，原因之一就是尚未找到合适的营利模式。

老旧小区改造的探索还在路上，一个被居民议事委员多次提及的诉求是老年人餐桌。在前期调研的 2300 份调查问卷当中，对社区食堂的需求排在前五位。在劲松北社区的居民中，60 岁以上老人占比将近 40%。白天老年人自己在家里，做饭太麻烦，有很多老人行动不便，希望送餐和用餐，所以需求很迫切。老年餐桌有两种成熟的运行模式，一个是依托已有的餐馆，一个是在小区内找专人来开办。劲松北社区就把社区居委会下边的自行车棚拿出 50% 的面积，做了一个社区食堂，叫"美好邻里食堂"，回应了居民的强烈要求。

中午用餐时间，我们来到"美好邻里食堂"，加入排队点餐的队伍中。食堂里面有不少人，很多都是老年人。陈波书记告诉我，每天都是这样。小饭桌是社区老年人日日盼、夜夜盼的事。尤其对于空巢孤寡老人来说，买菜下楼不方便，那么大岁数做不了饭，他们有一份热饭热菜吃就满意了。要是价格合理，家里就可以不做饭，既可以避免买菜做饭、烹饪烧制的麻烦，又可以吃到很多花样。因此，目前很多社区的老年人一日三餐都在这里解决，离家近，价格便宜，环境干净。

每当到了集体食堂，我总会想起年轻时的经历。20 世纪 60 年代末，我在农村待了两年，曾参加种菜劳动。1971 年回到北京进入工厂，当了 8 年工人，其中前两年半就是工厂大食堂的炊事员，被分配在"白案"，也就是做主食，米饭、面点，那时候工厂大食堂的花样不太多，最主要是馒头，每天都要揉面。当时号召学习北京百货大楼的张秉贵师傅，抓糖果一抓准，而我练习抓面，练习了好长时间，一抓就是三两八，即二两的面，一两八的水。为什么要那么准，因为当时卖粮食要有面票，食堂不能亏损粮食，但是馒头小一点就能看得出来，因此在斤两上务求准确。

我看到，整个"美好邻里食堂"的一字形动线设计比较流畅，家具的选择和灯光的配置比较温馨，地面选择的是防滑的材料，食堂环境清洁干净。"美好邻里食堂"的面食不少，各种包子、花卷、馒头，早上还有油条、馅饼等。荤素包子两块钱一个，薄皮儿大馅儿，价格合理，咸菜和糖都是免费的。随后，我走进"美好邻里食堂"点餐。"美好邻里食堂"还建立了一个老年朋友群，居民需要什么食品，提前订购，到时候就会给他们做好留出来。如果老年人说不能下楼，打个电话，"美好邻里食堂"就会给老人们送上去。

王金霞老师是"美好邻里食堂"的常客。一个人做饭常常让她这样的独居老年人头疼，想多做几样食品吃不了，做少了又怕营养不均衡。年轻的时候王金霞老师是文艺爱好者，退休回归社区后，成为了劲松北社区的老年同乐会会长，街坊邻居都知道她爱跳舞，过去没有条件，就在公园小广场上跳舞，这次改造提升过程中，专门为有跳舞爱好的居民修建了练功房，条件虽然不能和专业的练功房相比，但是也算有了自己活动的小天地。

在劲松北社区，听一些老年人讲起几十年前的事，仍然记忆犹新。一开始我以为是因为他们平时文化生活比较单调，才如此兴奋地与我们交流；但是通过进一步了解，我才知道他们的日常生活内容还是比较丰富的。我想虽然他们都是 70～80 岁的老人，但是心理年龄还是比较年轻的。这可能就是当人们生活水平提高，人均寿命增长了以后的普遍现象。好多老街坊之间有着几十年的邻里情，他们经常自发组织一些文化活动，开展文化活动的真正目的在于激发居民们的生活热情和社区凝聚力。

凌雪老师 1978 年出生，是愿景公司派驻劲松北社区的责任规划师，过去一直从事新建楼盘的设计工作，劲松北社区是她接触到的第一个老旧小区改造项目。对于老旧小区，凌雪老师并不陌生，因为她奶奶居住的小区就在永定门内东街，住宅建设于 20 世纪 50 年代，现在也面临着改造。她印象最深的是小时候每次去奶奶家，爷爷都会抱着自己站在阳台上往外张望，从阳台上还能望见二环路。她的爷爷早些年去世了，奶奶就独居在老房子里。因此在劲松北社区调研，在与这里的老年人接触时，凌雪老师总能感同身受。

作为 70 后的设计师，凌雪老师曾经在国内一家知名的房地产公司工作，当时她认为设计师的工作就是满足销售，实现利润的最大化，总感觉设计对象是冷冰冰的内容。而来到劲松北社区，她第一次觉得设计也可以有温度。在接到任务之初，她承认自己把这件事情想得过于简单，发现仅从设计角度考虑问题远远不够，老旧社区改造准确说其实是一个社会问题。不了解居民的实际需求、生活习惯，不了解社区的前世今生，不尊重属地居民的记忆和情感，设计就会失败，这与过去做新建楼盘的设计截然不同。

凌雪老师说，来到劲松北社区以后，自己的胆子变小了，设计的时候非常谨慎，居民习惯的东西不要妄图去改变。过去当设计师的时候，都是希望自己的作品能被业界认可，但是如今想法改变了。她认识到设计不是只为了美观，更要注重实用性。例如自行车棚设计之初，团队内部就有争议，包括凌雪老师自己也认为自行车棚应该设计到楼侧，这样楼前会比较整洁。但是她后来发现居民们的习惯并不会因为你的设计而改变，自行车棚设计到了楼侧，就只能成为摆设。

由此，凌雪老师认识到，好的责任规划师不要妄图去压抑居民的需求，而应该顺应，不要为了改造而改造。例如，劲松二区社区公园的改造就是更新和提升，延续整体设计理念，用现代手法对社区公园进行设计。一些居民喜欢在社区公园里面打牌、下棋，特别是已经退休的老年人居多。原来这里没有专门设置桌椅，喜欢打牌的老人们就每天自己搬着桌椅来，把它们绑在树上，很不方便。既然居民们有需要，凌雪老师就专门设计了打牌用的小桌椅，于是在社区公园里面，十二组桌椅应运而生，大家也就不用再搬着椅子来娱乐了。

在公园的小广场上还有跳舞、乒乓球爱好者，那就设置功能分区来满足他们的需求；还有的居民提出小孩子没有地方玩耍，凌雪老师就在小广场上专门设计了滑梯等儿童活动区域。为了防止孩子、老人摔伤，小广场地面都是软软的塑胶，所有带棱带角的地方全都制作成圆角，出入广场的地方也都把台阶换成了坡道。为了避免跑步者打扰邻里休息，距离住宅楼近的地方，塑胶跑道还专门向内甩了一个弯，这是设计之初没有深入研究思考的问题。很多细节都是凌雪老师带领设计团队，几个月沉浸在社区里观察，和居民反复交流意见得来的结果。由此看来，改造也可以很有温度。

在做公园内的小广场设计时，就有过反复探讨的过程。改造方案数易其稿，甚至建成了以后居民还有不同意见还要修改，这是凌雪老师过去从事设计工作从来没遇到过的情况。当时开居民议事会的时候，就有居民提出，他们当年选择住在 217 号楼，就是因为窗前有一块绿地，楼前还有一块面积不小的公园，非常满足。但是随着居住时间长了，环境发展变化，居住在这里的人也越来越多，公园变得不那么安静，早上 5 点多钟就有人到这里来遛鸟，一群小鸟叽叽喳喳，吵得人睡不好觉。如今，居委会慢慢地把这块绿地改成社区公园，通过绿化与住宅楼之间加以适当隔离，在一定程度上解决了问题。

在乒乓球棚子和健身活动设施选址的时候，也遇到过一些问题。最初把乒乓球棚子和健身活动设施放在了公园最北侧，这样南侧的广场面积大一些。经过几次与居民沟通，几番研究之后，才知道这一方案虽然考虑了公园布局和人们使用方便，但是忽视了对居民日常生活环境的影响，因为那个位置距离 216 号楼和 217 号居民楼比较近。于是，就对乒乓球棚子和健身活动设施的位置进行了调整。同时，为了采光，在乒乓球棚子的上边敷设了阳光板。但是建成使用以后，219 楼的居民反映阳光板反光厉害，刚好就对着居民厨房的窗户，下午在厨房炒菜做饭时，光就反射过来，眼睛都睁不开。于是就及时更改了设计，加上了一层遮阳网，变成了漫反射，又能透光又不反射。

在社区公园，我看到有的树上挂着一些自行车的链子，就询问凌雪老师这是做什么用的。她说刚来这里工作的时候，发现社区公园里的树上经常被人钉上钉子，感觉很奇怪，后来经过观察发现，原来有的居民在树上钉钉子挂东西。他们来公园跳广场舞或做集体操，需要把装着保温杯的手包，或者将脱下来的衣服、帽子等物品挂起来。特别是晚上来跳广场舞的居民较多，东西不是挂在树上，就是放在树池里，挂在树上的会相对多一些；因为正好在他们眼前，便于看护这些东西。

当时，社区公园的一棵树上最多的时候被钉上了 12 颗钉子。这一情况既不文明，也不雅观。凌雪老师就带人把钉子都给拔了，但是拔了之后，来跳舞的人会不方便怎么办？于是她就想了一个办法，把废旧自行车的链条收集起来，清洗干净，挂在树上，然后再把一些 S 形挂钩挂在链条上面，结果很受居民们欢迎，甚至带动居民自己做了一些这种挂钩。要仔细观察居民们的生活需求，并想方设法加以解决，就会赢得居民们的认同，还可以带动居民自主去解决问题。过去是设计师来设计，10 个居民有 10 个意见，但是如果他们参与其中，就会认同接受，就会有主人翁意识，甚至愿意付出。

在环境改造提升过程中，居民们希望保护好社区里的树木。因为这些树木有年轮，社区内很多其他东西都有所改变，但是这些树木始终留在这里，自始至终在这里生长，它们保存和见证着社区生活的记忆。我们现在完全能够理解这些居民的意见，这是一种心理上的或者说精神上的需求。长达数月，沉浸在劲松北社区里观察居民们的日常行为、生活习惯，让凌雪老师和她的设计师团队认识到，设计本身是最简单的，解决的只是技术问题，但如何了解居民的真实需求并翻译转化到设计之中，才是最难的事情。

凌雪老师说，过去我认为一件事对社区有好处就可以做，但是后来发现最初认为对居民生活有好处的内容，居民们并不愿意接受，因为他们并不觉得这些内容对现实生活有什么意义。现在体会到，得到居民们肯定才是真的好。首先要明白社区的真正主人是居民。在劲松北社区，她和居民们足足开过三四十场议事会，无论是停车管理、社会治安、环境景观、灯光照明，还是电梯加装等，一共有21大类、51个事项，每一项最终都由居民来拍板定夺。很多事情都是经过反复推敲，最终才能达成一致意见。总之，通过沉浸式设计模式，顺应居民需求，居民评判成为最终标准。

在劲松北社区老旧小区改造中，注重公共空间提质，219楼东侧是此次改造提升后的美好会客厅。刚落成的时候，很多居民都觉得过不了两天又会成为屋外铁将军把门、屋内落满灰尘的摆设，没有想到这里却成了利用率最高的地方，为邻里提供了一个舒适的休息、聊天场所，为中老年居民们提供了文化娱乐的空间。平时社区内协商议事都在这里，每周一下午这里还是老年人学习用手机上网的地方，王金霞老师现在缴费、挂号、买东西、订餐、叫车都用手机。

劲松北社区作为老年化问题突出的社区，后续还有很多适老化的更新会积极推进，例如，着手建立生活协助、心理疏导等一对一精准服务制度。近两年，劲松北社区聚焦"银发"所急，建设敬老社区。目前几乎每个楼门都有老年人，所以在楼门口的内外两侧各安装了一个摄像头，结合人脸识别技术和视频系统。如果发现3天未外出的独居老人，社区工作人员会登门造访，这也在一定程度上降低独居老人在家遭遇不测的风险。这些措施"听上去很美"，要成为"真的很美"，还有很长的路要走，不仅依赖社区硬件的提升，更是对物业运营团队软实力的检验。

劲松北社区实施人文关怀型社区建设，在小区改造中建设盲道、建设楼房坡道，方便残疾人和老年人出行。针对80岁以上和失能独居老人，配置直通物业的一键报警求助装置。例如，王金霞老师家安装了SOS紧急呼叫装置，她是社区内第一批体验全面家庭养老系统的独居老人之一。SOS紧急呼叫装置可以装在床头，然后有需要的时候直接按呼叫器，或者把呼叫器的绳子垂到枕头的旁边，有需要的时候拉绳也可以触发呼叫器。2021年，劲松北社区优先为70岁以上的独居或者空巢老人家里安装了SOS紧急呼叫装置。

另一方面，因地制宜、清理楼区私搭乱建，腾出空间建设休闲小广场，设置休闲座椅，最大限度关怀关爱老年居民。社区建设之初种植的一些树木已经有40多年历史。这些树木承载着从20世纪70年代末就住进来的老居民们的生活记忆，人们对于这些花草树木有着深刻的感情。居民直接说，如果这些树都改掉的话，对他们来说社区的感觉就没有了，因为这些树木始终伴随着他们生活，也是社区发展的见证。在保护原有树木的同时，增添中国人最为喜爱的梅、兰、菊、竹等植物，使园区更为体现中国文化特色。

据不完全统计，北京市1990年以前建成的房屋有6950万平方米，共128万套住房，普遍存在抗震性差、保温不好、上下水管线锈蚀、绿化率低、没有电梯和车库等问题，加上没有专业的物业进行日常运维，房屋老化严重。为了让老旧小区变得更便利、舒心，后来北京市出台《老旧小区综合整治工作实施意见》，开始大规模启动老旧小区改造，主要是分批对 1990 年以前建成的小区进行抗震加固和节能改造，不少小区陆续完成了"穿衣戴帽"。

但是早期的探索改造过程中，改造内容基本局限在基础类改造。电梯是自选类项目，是居民自下而上进行的。在"十二五"时期综合改造时，劲松北社区单元楼外墙和地面做了改造，唯独没有加装电梯。

住建部宿舍是开展加装电梯比较早的小区，当时安装了 2 种产品，一种是轿厢式电梯，另一种是座椅电梯。由于属于特种设备，此前安装箱式电梯手续复杂，需要数十个部门盖章通过，此外还涉及邻里间的占地、出资分配等问题，实施起来非常困难。在这种情况下，座椅电梯就成为一些老年人的选择，只需要在走廊的扶手内侧安装一排轨道，椅子顺着轨道上下。当然，这类电梯的安装也需要邻里间互相谅解，而且覆盖人群相对有限。

2016 年 8 月，《北京市 2016 年既有多层住宅增设电梯试点工作方案》出台，明确加装电梯财政补贴政策。有了政策和资金支持，电梯加装开始全面加速。以前北京老旧小区安装电梯有很多前置条件。试点方案出台后，就不用办理立项、用地、规划和施工许可等手续，只办理施工图审查和电梯报装、验收就可以。不过，加装电梯，不只是政策的问题，还有资金的问题。我国老旧小区改造资金主要来源仍为财政资金，居民出资意愿低，很多城市更新项目开发周期长，资金压力大，社会资本回报也可能有风险，或者在前期没有成熟的商业模式，导致社会资本参与的积极性和收效不大。

为推动工作，北京市出台了增设电梯的财政补贴政策，对电梯购置及安装费用给予补贴，对因安装电梯产生的管线改移费用根据实际情况再给予补贴，这就为经费筹措减轻了压力。老楼加装电梯主要有3种模式：业主自筹；企业代建，居民租赁；产权单位出资。除了产权单位出资以外，其他两种都需要居民付费。但是，相较于业主自筹的模式，代建租赁由业主委托第三方作为实施主体，业主按月或按年缴纳使用费，居民不需要一次性支付高额的安装费用。

在北京推进老旧小区改造的过程中，提出国有企业可以发挥相应担当，加速相关工作进展。北京市财政对老楼加装电梯项目向区财政定额拨付总计每部最高64万元，各区政府可结合本区实际制定有关补助政策，64万元分为地下和地上两部分。这不仅能减少居民资金压力，还可提高居民加装电梯的积极性。但是，按照一部电梯投资110万元来算，还有大约40万元的缺口。

如果缺口资金由居民承担的话，以一栋6层、一楼3户的单元门来算，一般一、二层不出钱，三层以上受益才出钱，意味着12户要分担40万元，平均下来每家每户要3万元到4万元。采取"政府补贴＋全体居民集资"的方式，产权归全体居民所有，相关物业收入归全体居民所有；采取"政府补贴＋电梯公司投资＋居民租用"的方式，住户花费在80～350元/月。但是，不管采用哪种模式，前提都是2/3以上业主同意，且其他主业不持反对意见。

此外，资金的问题解决后，安装什么样的电梯也是一大考验。不推荐采用观光电梯，这样老人乘坐会有眩晕感。在加装电梯设计方案时尽量多为一层住户考虑，例如，改造好楼前地下管线尤其是污水管线，电梯不运行时轿厢停靠在顶部，加装玻璃幕墙，加装连廊等。根据走访了解到的意见，连廊加建也要注意居民的隐私，与原建筑整体协调等，这些是技术问题，但最主要是思想工作问题。在改造过程中，除了筹资难题，居民意见不统一也是制约老楼加装电梯的重要原因，因此需要发挥属地政府和社区居委会的作用，尤其是做通一层居民的工作。

据统计，仅加装电梯一项，北京就涉及 8 万栋老旧楼房，约 25 万个单元的 400 万户家庭。早在 2010 年，国家住房与建设部门就发文明确提出老楼加装电梯的项目，北京市也于 2010 年出台《关于北京市既有多层住宅增设电梯的若干指导意见》，但是直到 2016 年，整整 6 年的时间里，北京市属小区都没有一个老旧小区电梯安装成功，可见其中的难度。其中改造资金筹集、业主利益平衡，以及管线改移等几方面的困难，阻碍了加装电梯工作推进。

近几年，老楼增设电梯已经成为政府重要的民生保障项目。《北京城市总体规划（2016 年—2035 年）》第 22 条规定："开展老旧小区综合整治和适老化改造，增加坡道、电梯等设施。"第 81 条规定："统筹推进老旧小区综合整治和有机更新。开展老旧小区抗震加固、建筑节能改造、养老设施改造、无障碍设施补建、多层住宅加装电梯、增加停车位等工作，提升环境品质和公共服务能力。"北京市政府明确要求，加强政策引导和财政支持，破解推进增设电梯过程中存在的难题，引导、鼓励社会力量参与。财政补贴政策出来后，社区居民纷纷向原产权单位和居委会反映，希望能享受到政策，尽快为住宅楼加装电梯。

劲松街道引入了北京愿景集团作为第三方社会力量后，于 2018 年 5 月启动了劲松北社区改造项目，加装电梯成为社区改造的重要内容之一。安装电梯也成为居民议事会最常讨论的主题。按照规定，楼门内只要有一户居民不同意，加装电梯就无法进行。由于部分低层住户在加装电梯问题上有担忧，一个楼门想要加装电梯，很难取得所有住户的同意。社区居委会、物业还有北京愿景集团的工作人员为此没有少做工作。通过设置填报点收集业主的意见、上门入户了解情况，通过租户辗转找到业主等，最艰难的时候挨家挨户掰开了揉碎了跟居民做工作，通过多种途径沟通协调安装电梯的事。

陈波书记说，像王金霞和朱振老师居住的 219 楼，本来是劲松北社区最早安装电梯的试点，219 楼 1 门和 2 门是两个最早实现居民 100% 同意安装电梯的单元门。但是事情并非一帆风顺，即将要施工安装的时候，一层的住户却反悔了，矛盾主要集中在燃气管道改造上，低层住户担心安全问题开始反对。安装楼外电梯，就需要把原本在楼外的燃气管道改至一楼住户家中，是否有安全隐患，一层住户意见很大，对于本来就毫无安装意愿的一层住户来说，如今需要牺牲自己的利益，来成全别人家，显然这部分住户并没有做好心理准备。原本 2019 年底就要启动的加装电梯项目，迟迟没有新的进展。

老楼加装电梯关键在于协调与沟通，需要得到居民的充分理解与支持配合。为此，街道、社区做了大量工作，多次入户为居民讲解政策，召集居民代表座谈协商。2020 年 11 月 11 日，在劲松北社区居委会会议室，我参加了多层住宅加装电梯协调会。参加会议的有亟待安装电梯的住在四层以上的居民，也有住在一层或者半地下，对于安装电梯有疑虑的居民，居委会和物业公司的人员也参加了协调会。在协调会上，听取了住在一层的居民究竟为什么不同意安装电梯的意见，经过讨论了解到主要有以下顾虑：有的说安装电梯会有噪音干扰，有的说安装电梯会影响生活隐私，有的说安装电梯会影响采光，还有的说安装这种外接电梯的话，一层房屋会贬值，是否有补偿等。

在协调会上，作为希望加快老楼加装电梯的代表，王金霞老师说，头两年身体比较好的时候，上下楼还行，但是随着年龄越来越大，现在各项机能退化得厉害，从去年开始上下楼就开始困难，眼睛又不太好，只能慢慢上下，怕踩空了摔倒，上下楼要借助楼梯的扶手栏杆。但是楼上有几家老人都已经 80 多岁了，现在都下不了楼。这些老人想看看社区的变化，只能在自家的窗户前往下看看，所以这些老年人现在迫切需要老旧小区在改造提升过程中安装电梯。

朱振老师在发言中说，对门老张突然发病，打了急救中心的电话后，那天正好我还没在，我们楼下的今年也已经 63 岁的老邻居帮着救护车的医生，才把老张给搬到楼下。所以说当前最着急的事就是安装电梯。2019 年，朱振老师和老伴儿一起庆祝了金婚。虽然朱振老师身体还算硬朗，但是前几年老伴儿的两个膝盖和腰椎都做过大手术，两个膝关节的半月板整个置换成了钛合金材料的假体，腰部也因腰椎间盘突出导致脊柱侧弯，最后矫正打了 12 根钢钉。目前，住在

5 层已经成为老伴儿最大的心病。

一边是悬而未决、一拖再拖的工期，一边却是老年人与日俱增的下楼渴求。2019 年夏天，朱振老师和当年的知识青年们一块回内蒙古，留下爱人张玉新老师一人在家，楼下放露天电影，张玉新老师也想去看看，结果下楼的时候脚下一滑，就从楼梯上摔了下去，两个膝关节假体就硬生生地撞在了水泥地上，疼得张玉新老师当时就躺在地上，等了半天也没有人来。从那之后，朱振老师再也不敢让老伴儿一人在家，他和张玉新老师也想过能不能置换到别的小区有电梯的楼房，但是一直没能如愿。

他们对门的马老师老两口也都 86 岁了，女儿陪着老两口一块住。女儿本来个儿就小，又得了癌症，如今老两口彻底失去了下楼的可能性。单元里最大的百岁老人杨老太太，曾经身体很好，80 多了还能到楼下跳舞，去年上半年还能扶着楼梯上下楼，但是去年也是摔了一跤，至此上下楼成了奢望。很多老人一直在询问什么时候能够安装电梯，得到了答复是：快了快了有希望了，结果有的老人没有盼上这一天，就已经带着遗憾而离世。国家有这么好的政策，确实需要加快一点速度。那么今天这些老人们能否在他们有生之年享受到电梯的便利，人们充满着期待，也充满着疑惑。

实际上，在加装电梯的问题上，老年业主和年轻业主、一层业主和顶层业主、老居民业主和新购房业主等，都有着不同见解。归纳起来主要有以下几个制约因素：一是费用问题，对于居民来说，主要是使用费用和后期维护管理费用；二是技术问题，居民关心会不会对自己住房有光线遮挡、噪音干扰；三是施工影响，一旦改造，不但是加装电梯，还可能涉及结构加固、电力增容、道路和景观改造等工程，居民连续几个月生活在工地里，对居家生活的影响。实际上，有的理由只是矛盾外化的表现，深层次矛盾还是利益诉求不统一。

在加装电梯的问题上，以往的做法是政府加以推动，作为基层社区的任务，还要在某一时间节点内完成既定目标，这个时候才开始征询居民意见，就会出现利益诉求不同的问题，进而产生矛盾。因为在楼房中，不像四合院住宅那样居民之间日常沟通很多，这里人们彼此之间相对陌生，在这样的情况下，如果居民工作末端化，就很难达成共同的协议。所以，要把居民工作前置，首先就是打破居民之间的陌生感、隔阂感，就要让老死不相往来的邻里能够熟络起来。通过协调会我感受到，加装电梯的关键不是技术问题，而是社会问题，有时也需要以情动人。经过多方的不懈努力，劲松北社区 220 号楼 2 单元和 201 号楼 4 单元加装了电梯。新装的电梯耸立在墙外，正方形的轿厢紧贴着楼房，透明的玻璃幕墙，为老楼增添了满满的现代感。

对于老年人多的老旧小区，除了加装电梯外，对适老化设施的需求也在日益增长。居民们提出了 5 方面改造内容：通行无障碍改造、公共空间适老化改造、室内居住环境改造、完善适老化公共服务设施、增加居家养老服务有效供给。以通行无障碍改造为例，包括公共设施改造和小区内道路交通无障碍改造。其中公共设施改造重点，对单元门、坡道、电梯、扶手等公共区域建筑节点进行无障碍改造，满足老年人及行动不便居民基本的安全通行需求，实施小区内道路交通无障碍改造，包括拆除路面障碍物、平整路面、完善道路照明系统、规范停车管理。

人的安全感是城市现代文明的标志，社区保障体系的健全是居民安全感的重要保障。这是一场你我皆置身其中的变化。每个社区都有很多需要关爱的老年人，对此应不断完善社区保障体系，通过不断升级、细化，惠及越来越多行动不便的老年人。要以养老、孝老、敬老为己任，努力让所有老人都能安度晚年。民之所需，政之所为，政之所兴，在顺民心。人人生活有保障，心中有光芒。

《中华人民共和国老年人权益保障法》第六十三条要求：国家制定和完善涉及老年人的工程建设标准体系，在规划、设计、施工、监理、验收、运行、维护、管理等环节加强相关标准的实施与监督。北京市将老旧小区适老化改造和无障碍环境建设作为老旧小区综合整治联席会议的重要议事内容，并从财税金融政策上给予支持，基础类改造内容、加装电梯或安装爬楼代步器都可获得市区财政补助。同时，居家适老化改造，对特困、低保低收入的高龄老年人和失能老年人家庭采取阶梯式补贴。

两年来，以平安社区、有序社区、宜居社区、敬老社区、家园社区、智慧社区"六个社区"来统领劲松北社区的更新改造。运用"美好环境与幸福生活共同缔造"理念，有效改善了老旧小区居民居住条件，增强了社区民众获得感、幸福感。改造完成后的老旧小区，人们都感觉到小区变大了、卫生变好了，不仅彻底改变了脏乱差的小区环境，也让居民生活更安全、更放心，让老旧小区成为环境整洁、管理有序、守望相助、共治共享的和谐家园。经过改造的劲松北社区重新焕发了活力，甚至成为不少年轻人"打卡"的网红社区。

2020 年 5 月，在总结以往经验基础上，北京市印发了《2020 年北京市老旧小区综合整治工作方案》。在工作目标方面，全面开展老旧小区摸底调查，基本建成了老旧小区数据库。广泛开展社会公众工作，形成整治项目储备库。2020 年 6 月，北京市公布了 2020 年首批老旧小区综合整治项目名单，共涉及 153 个老旧小区、998 栋楼房。"条件成熟一批、确认一批"，全市实现 80 个老旧小区综合整治项目开工，完成 50 个老旧小区综合整治项目，完成固定资产投资 12.8 亿元。

老旧小区综合整治主要实施"六治七补三规范"，即治危房、治违法建设、治开墙打洞、治群租、治地下空间违规使用、治乱搭架空线，补抗震节能、补市政基础设施、补居民上下楼设施、补停车设施、补社区综合服务设施、补小区治理体系、补小区信息化应用能力，规范小区自治管理、规范物业管理、规范地下空间利用等，采用"菜单式"改造模式，把改造内容分为基础类和自选类两类菜单。

在更加细化的《老旧小区改造入户调查表》上，共列出有楼房本体、小区公共区域、完善小区治理三大内容以及包括相应基础类和自选类在内的 48 项具体内容，业主意见可以填"同意""不同意"或"不涉及"，此外还有"业主新增项目"进行补充。物业公司工作人员表示，入户调查时居民申请改造的项目很多，下水是反映最多的问题之一，此外还有外墙保温、楼体加固、平改坡等。"菜单式"的改造整治，根据"自选类"内容和广大居民需求确定改造内容，例如增设儿童的活动场所、老年人的休闲场所、青年的运动场所等，居住小区的设计方案也会进行公示，提前征求居民意见。

陈波书记告诉我："明年年底前，劲松北社区将全部完成改造。此外，还将推动劲松东社区、西社区、中社区的更新，紧紧围绕'七有'要求和'五性'需求，补齐民生短板，让这里成为环境整洁、管理有序、守望相助、共建共享的和谐家园。"北京老旧小区数量庞大，2000年以前建成的居住小区有2700多个。作为一座拥有2亿平方米老旧小区的超大型城市，探索社区更新的诸多方式将会一直伴随着我们这座城市的发展与延续，使越来越多的老旧小区旧貌换新颜，居民生活环境大幅改善，居民获得感、幸福感、安全感不断提升。

在北京市老旧小区改造工作稳步推进的背景下，劲松北社区在试点改造过程中积极探索，创新出独特的"劲松模式"，实现社区的长效良性发展，使得劲松北社区从众多老旧小区改造中脱颖而出。今天我们需要深入了解这一模式与传统的老旧小区改造有哪些不同，又为老旧小区带来了怎样的改变。

通过"劲松模式"，实现多元力量参与老旧小区改造的融合协同，有力促进资源的高效整合，确保了社会力量方位清晰、方向正确。通过"劲松模式"，对减轻政府财政资金压力，实现老旧小区改造市场化、规模化和金融化做了有效探索，社会力量得以树立微利可持续的商业价值导向。通过"劲松模式"，引入专业化物业服务企业并提供服务，为完善社区治理体系增添了有机力量。通过"劲松模式"，坚持民有所呼、我有所应，让居民意愿成为最大导向，让居民参与成为价值追求，让居民评判成为最终标准，有力促进居民成为老旧小区改造的最重要参与者和最直接受益者。

"劲松模式"强调"系统性规划"。一方面通过对标对表上位规划，以规划先行、引领发展，明确老旧小区更新目标方向；另一方面，统筹"街区、社区、邻里"三重维度，发挥街道责任规划师、入驻物业公司的规划设计等专业力量，坚持以"人民为中心"，把握社区定位、空间格局、要素配置、治理需要等核心内容，形成规划"总图"，真正将规划贯彻落实到基层治理和社区项目，确保"一张蓝图绘到底"。同时探索出了一条"区级统筹，街乡主导，社区协调，居民议事，企业运作"的"五方联动"机制，共同推进社区综合整治。

"劲松模式"强调"微利可持续"。劲松北社区创新投融资机制，在全国率先引入社会资本，运用市场化方式吸引社会机构参与更新与物业管理，共同推进老旧小区的改造更新工作，授权企业对社区低效空间进行改造提升和长期运营，通过经营低效空间、收取停车管理费、收取物业服务费，同时通过后续的政府补贴、商业收费等多种渠道，以及未来可能落地的养老、托幼、健康等产业，实现一定期限内的投资回报平衡，形成对社会机构改造城市老旧社区的吸引点，实现老旧小区改造"微利可持续"的市场化机制。

"劲松模式"强调"先尝后买"。企业实施物业服务清单式管理，提供涵盖环境保洁、绿化养护、停车管理、垃圾分类等服务。物业公司正式入驻后，提供为期 4 个月的免费服务，让居民在感受到生活品质提升基础上，逐步接受物业服务付费概念。在具体实践中，社区居民全程参与，自主选择社区改造内容。

"劲松模式"强调"物业＋为老"服务。在基础物业服务基础上做好社区综合服务，持续推进"物业＋为老"项目服务机制建立及落地运行，将物业全天候响应、维修、保洁、商户管理和社区居家养老服务有机结合起来，形成集约高效的社区为老服务机制。实施老旧小区的综合整治，合理利用空间完善养老服务设施，引导有需求的老年人家庭开展居家适老化改造；推动和支持物业服务企业、养老服务机构等提供养老服务，切实增加居家养老服务有效供给，有效满足老年人居家养老需求。

"劲松模式"强调"沉浸式设计"。建立老旧小区改造的长效机制，规划设计师全程参与、驻场工作，施工过程中紧密配合施工团队，根据现场情况随时调整，确保项目快速实施，最大限度降低对居民生活的影响。后期运营中，跟踪收集居民使用信息，对不断出现的需求进行持续更新。"设身处地、感同身受、洞察需求、因地制宜、解决问题"，做居民满意的"有深度、有精度、有温度"的设计。

设计以人为本

"回天有数"

2020 年 11 月 23 日，《我是规划师》节目组来到回龙观和天通苑地区。有段时间没有来过这一地区，好像已经与印象里的样子不太一样了。说实话，对于这样一个世界级的城市社区、超量级的居住社区，如何进行治理和织补，来之前心里也是打着一个问号。应该说"回天地区"是阶段性规划的时代产物。20 世纪 80 年代，最后一批知识青年返城，同时国家经济迅速崛起，一线大城市人口聚集效应开始显现，北京新增城市人口 45 万。1978 年至 1990 年，北京市的城镇化率从 54.9% 提高到 73.5%，随之而来的是常住人口的激增，以及居住空间的紧缺问题。

20世纪90年代，北京中心城区就像一个快吹爆了的气球，负担沉重。在这一背景下，1996年北京市政府将北郊农场及部分绿化隔离带地区用地规划为居住用地。1998年6月，全国城镇住房制度改革与住宅建设工作会议决定：改革城镇住房分配制度，建设以经济适用房为主体的多层次新的住房供应体系。1998年10月，北京市公布的19个首批经济适用住房项目在北京房地产交易中心集中展示，拉开了经济适用房大规模开发建设的序幕，实现了为北京的飞速发展承载大量居住人口。

1999年昌平撤县改区，并在1999年和2000年建成了回龙观社区和天通苑社区这两个以居住功能为主的大型社区，成为当年公布的经济适用房居住区，统称"回天地区"，也是首批经济适用住房项目中规模最大的一片经济适用房居住区。经过经济平衡测算，确定了经济适用房居住区最初的用地规模，总占地11平方千米，社区总人口为20～30万人。随着外来人口的不断涌入，北京老城区逐渐趋于饱和，为了满足生活工作的需要，新的大型居住地区的出现，可以说是必然的趋势。

胡维标先生是入住"回天地区"的第一批居民，现住东小口镇都市芳园社区，从20世纪90年代初到现在，已经在这里居住了20多年。今年81岁的他，退休前是北京出版社的摄影编辑，曾为故宫拍摄过许多珍贵的影像资料，作品收录进摄影集《中国古皇宫》《故宫》等出版物。20多年来，他积极参加社区志愿活动，为社区义务拍照近千张，这些都是社区变化一点一滴的记录，他成为了这一地区发展的见证者。胡维标先生用镜头记录了"回天地区"今非昔比的变化过程，为"回天地区"规划研究提供了珍贵的图片资料。

我们从胡维标先生的照片中可以看到，1998年的"回天地区"满眼荒地，只有零星的低层建筑。当时大片大片的土地平展广阔，只有几排青砖平房，最高的一处是三层红砖楼房，展示出那个时代城乡接合部的典型风貌。历经20余年的发展，如今"回天地区"的各项生活配套设施逐步完善，社区环境日臻成熟。

"回天地区"位于北京中心城区以北，东至北七家，西至海淀区上庄镇和东北旺乡，南至昌平区与朝阳区交界，北至沙河镇，辖区总面积63.16平方千米。其中回龙观地区35.36平方千米，天通苑地区27.8平方千米。

作为中心城区沿中轴线向北部新城延伸发展的重要拓展区域，"回天地区"是中心城区功能疏解的集中承载区，是北部绿色廊道和通风廊道的重要节点区域，也是连接中关村科学城、未来科学城和怀柔科学城的重要枢纽区域。随着城市化进程的不断加快，"回天地区"人口快速增加，实施"回天地区"城市修补更新、优化提升公共服务和基础设施，成为推动城市高质量发展的现实所需，也是社会各界普遍关注、广大居民热切期盼的民心所向。

应该说"回天地区"的开发建设肩负着疏解人口、推动城市更新、"活血化淤"的重任，既为缓解北京市普通居民的居住困难做出了贡献，也为疏解北京老城人口提供了一定的拆迁安置房源，还为北京外来人口提供了大量的经济适用型住宅，作出了这一时代的贡献。

那么这一"阶段性规划的时代产物",如何在新时代发展中不断"校正"坐标定位,融入城市未来的良性可持续发展,必然需要有更加合理的规划蓝图和建设计划。

经过多年建设发展,"回天地区"成为亚洲最大的居住社区,比世界上最小的国家梵蒂冈还要大,是世界级的城市社区。"回天地区"作为北京城市化进程中形成的大型居住区,一段时间内出现了交通拥堵、职住失衡、公共服务配套不足、基础设施薄弱等问题,居民反映强烈,成为生活品质差的代表和大众舆论聚焦的对象。

大有大的问题,大有大的难处。"回天地区"相当于一个中小型城市,当时几十万人口的大型居住区里很少有就业岗位,大部分人早上要到北京中心城区里来,晚上又涌回居住地区,造成巨大的钟摆式城市交通。从世界城市发展角度看,超大城市能够吸收人口,也能引发规模膨胀,这样的问题在包括英国伦敦在内的很多城市都发生过,当时伦敦曾推出"新城计划",在伦敦之外布局了30多个卫星城市。英国在这个问题上走过弯路,具体实践上也经历了第一代、第二代和第三代新城。第一代新城城内有30万人口,但是却很少有就业岗位。大部分人早上到老城里工作,晚上又回到新城居住,造成钟摆式城市交通。丘吉尔时代的规划学家们逐步认识到应该发展第二代新城,人口规模应该在20万人以上,就业岗位的50%可以就地解决。继第二代新城实践后,又迅速推出第三代新城,人口规模为30万左右,就业岗位基本上能够在新城内解决,实现职住平衡,也就是就业与居住平衡。

调查问卷显示，84% 的人不打算离开回龙观，而要离开 Top20 的公司或北大、清华、北航等高等院校也不是那么容易的。职住平衡是一个时空概念，对于现状人口来说，缩短通勤时间可以明显改善职住平衡的直观体验。实际上，"回天地区"规划中的职住比例将明显好于现状，在吸引通勤方面，被吸引到"回天地区"上班的人，主要来自北部的沙河镇和北七家。在空间联系结构方面，联系最强的空间对是回龙观－上地、沙河－史各庄、北七家－天通苑南。

职住平衡是一个相对概念，尺度不同，结论不同。从居民结构上来看，回龙观地区和天通苑地区 18 岁至 45 岁的人口分别占区域总人口的 70% 和 65%；从学历上来看，回龙观地区和天通苑地区大专以上学历，分别占区域总人口的 65% 和 57%；从就业上来看，有 65% 以上的人口在海淀、西城等外区就业。由中国家庭的双职工特点决定，且 IT 行业的男女比例严重失调，也增大了就地平衡的难度。结果显示，3455 份问卷中有 1288 个 IT 业从业者，其中男性 725 人，女性 563 人。上地、中关村是较突出的就业集中地区。

2015 年 11 月 8 日，由中关村管委会和昌平区政府联手建立的回龙观创新创业社区，即回龙观"双创社区"正式揭牌。回龙观"双创社区"是服务于互联网领域创业者和投资人的第三方服务机构，是在"大众创业、万众创新"国家战略目标指引下，发挥本地人才资源突出优势，实现创业与生活相融合，"统筹生产、生活、生态三大布局"的具体实践。希望通过回龙观"双创社区"推进城市科技、文化等诸多领域改革，优化创新创业生态链，让创新成为城市发展的主动力，释放城市发展的新动能。

回龙观"双创社区"建筑功能包括办公、展示、实验室、餐饮、娱乐休闲，以及临时住宿等多种功能，根据创业者和投资人的不同需求设立，目前有20个团队、200多人入驻。腾讯众创空间作为首个项目正式入驻回龙观"双创社区"。腾讯众创空间位于回龙观大街，A、B两栋建筑共5.5万平方米，其中地上部分4.3万平方米，地下部分1.2万平方米。产业功能包括众创空间、主题孵化器及企业加速器，为创新创业营造了良好的工作空间、网络空间、社交空间和资源共享空间，营造了活跃的创新创业氛围和条件。

城市不是靠规划师的图纸画出来的，而是由一个个鲜活的人生造就出来的。我们走访了回龙观腾讯众创空间，听了居民创业的故事。多年来，"回天地区"曾是一个被标签裹挟的地方，被粗暴地贴上很多片面的标签。但其实，这里充满了年轻人坚忍的奋斗和美好的梦想。"回天地区"是一个具有传奇色彩的地方，极具活力和生命力，有数不清的鲜活的故事，记录着人们的喜怒哀乐，续写着城市的鲜活故事。"回天地区"的明天，在奋斗青年夜间归家疲惫的旅途中，也在新生儿甜蜜的睡眠里。无数人的命运与城市交织在一起，夜梦之后，永远带着希望去迎接黎明，一个崛起的未来，并不遥远。

仅仅十几年时间，中关村软件园发展成为世界级的科技园区，集聚了一大批科技创新企业总部，仅在岗的软件工程师就有近8万人，他们中的相当一部分人都有一段"回龙观记忆"。回龙观"双创社区"号召广大早晚在上下班通勤上耗时费力的工程师程序员们回家创业。

腾讯众创空间是"回天地区"居民身边的创业基地。这一众创空间的成立和发展，对于促进就地就近就业、地区经济发展、缓解通勤高压、促进城市功能转型，以及服务当地居民等方面，具有重要作用。

早在2015年11月，北京市城市规划设计研究院就主动开展了《回龙观地区功能优化规划研究》项目，北京城市象限科技有限公司（城市象限）团队参与这一研究，利用轨道交通刷卡数据、手机定位等多源大数据，对项目的研究进行了支撑和联合分析。从此开启了利用大数据关注、研究"回天地区"的序幕。2017年9月，为科学破解城市治理难题，北京昌平科技园发展有限公司联合北京城市象限科技有限公司成立专项工作小组，城市象限承接公共服务设施规划研究专题，启动了"回天有数"计划。

城市象限公司

"回天有数"是以搭建"回天地区"社会治理大数据平台为具体工作，以提升"回天地区"城市公共服务水平和居民生活幸福感为目的的专项计划。以此建立起整合跨部门政务数据、跨领域社会大数据、多渠道民意诉求数据、多维度社区厚数据，构建动态指数这一监测体系。总之，无论是城市规划、城市管理，还是公共政策的制定，都越来越依赖大数据，而冰冷的数据背后，体现的是人文关怀。

一个城市社区需要烟火气、需要人情味、需要生机勃勃，就要为不同的人群提供不同的、多样化的、包容的服务。对于城市科学来说，想要让公共治理更加科学和人性化，就需要观察市民如何生活、如何使用空间，要挖掘社区居民对于不同生活服务的真正需求。所以，必须关注各类人的生活，关注各类不同业态的运行，用数据去理解它们，用科学的决策去优化它们。自然科学技术可以让人类社会走得更远更快，社会科学让人类走的过程中保持正确方向，以使社会系统生机勃勃。两者只有结合起来，才能获得更加可期的未来。通过社会治理系统，一方面要使社会系统有秩序、稳定、安全、规范；另一方面要保留城市的人文价值，包括城市社区的活力、包容性、人性化、多样性、创新性。对此，智慧大脑可以为社会治理做参考。这是一个复杂系统的决策过程，不是仅靠更快的运算机制就可以解决的，而是需要考虑如何做出正确的决策。因为在城市这样的复杂社会系统里，存在着大量不确定性。因此，要认识城市的不确定性，就需要用不确定的思维面对复杂社会，进而培育市场和社会力量的自我成长机制。通过智慧大脑建立起正确的城市观，应该是当下城市规划师的任务。

"回天有数"计划的根本目标是要以数据为切入点，找到超大型社区城市综合治理创新模式，可提炼为 3 个方面的内容：一是找准坐标。汇集多源数据，构建测算完整的体征检测指标，以期关注目标社区的成长和变化。二是评估效用。对政府制定的政策和建设项目进行建模评估，预测模拟现状和未来的效用变化，并根据模拟效用为管理部门提供项目建设实施的时序。三是编织网络。汇集社会专业化力量组建智库，对接政府管理部门，形成共建共治的机制网络。

"回天有数"计划执行共分为两个阶段。第一阶段在宏观层面以大数据分析为基础，系统判断回天地区现存的城市治理问题，并针对存在的问题提供方向性的分析结论。第二阶段与公共服务和社会治理创新紧密结合，旨在通过建立城市体检大数据监测平台和社会治理平台，对政府落实的社会治理举措和惠民项目的实施成效进行持续分析与观测，为社区的精细化治理和服务水平提升提供精准科学的决策建议。

作为城市综合治理平台，"回天有数"不同于传统的信息化数据平台：以大数据逻辑和技术为核心，建立"感知 – 认知 – 治理"的全过程贯穿，形成"回天有数"。在感知层面，广泛地接触和记录城市运行的方方面面，并通过量化数据形态将触达的内容采集、整理并存储下来，服务于后续的认知层面工作。通过与多个政府部门的前期沟通协调，建立了沟通机制。协调获取公共服务设施、社区管辖人口、城市部件、网格巡查事件、12345 热线投诉等政府统计的基础信息数据。经过充分的协调，这些数据不再局限于规划领域或粗粒度的统计数值，部分数据首次"得见天日"。借助自主研发的社区调研小程序"猫眼象限"，对三个试点社区的功能性公共场地（如中心广场、绿化步道等）、各类公共服务设施（如菜站、快递柜、回收柜、健身仓等），通过进行深度数据采集和空间化，帮助形成社区级量化指标。同时，基于自主研发的"蜂巢象限"平台，将来自于政府、企业、互联网、社区调研等渠道的数据资源进行集中整合、沉淀，用于指标的计算，以及在未来与社会合作主体进行数据共享。另一方面，策划并开展服务于量化指标体系的试点社区深度调研，观察居民的日常行为活动、记录他们使用公共空间的痕迹。例如，经过标准化培训，采集了 20 位社区居民为期一周真实的生活圈记录，20 位社区居民自主上传了他们一周的生活轨迹，共有 573 张照片、耗时 576 分钟、空间

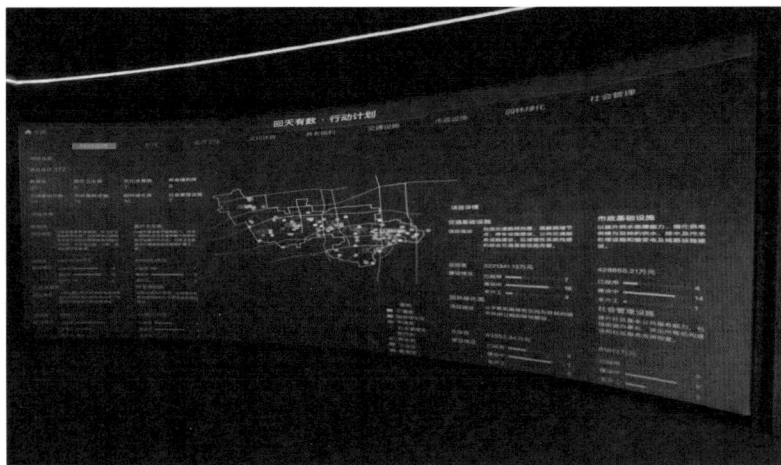

"回天有数"行动计划

跨度达 604 千米。通过对数据的清洗分析，发现了"集中上班、普遍加班"的青年群体，也发现了"诗意生活"的老年人群体。

在认知层面，一套能够对城市体征进行监测的动态指标体系可以实现从服务设施供给、城市运行状态，以及居民主观评价三个层面构建对城市的认知框架。不同于以往自上而下关注物质建成环境的政府考核指标，"回天有数"动态指数体系从人的基本需求层级理论出发，营造了一套自下而上的评估指标，提出从便利性、活跃性、可持续性、健康安全性、公正性、风貌协调性六大维度，构建动态指数体系。其中，便利性、活跃性、可持续性和健康安全性旨在体现居民的安全需求和社交需求，而公正性和风貌协调性则试图评估居民被尊重、获得公平机会，以及审美方面的"精神"层面需求。"回天有数"动态指数体系涉及 104 个因子指标、18 个二级指标，以及 6 个一级指标。基于"蝠音象限"和"海豚象限"两大平台，能够将这些指标进行可视化展示，并帮助城市管理者及时洞察城市问题，提出解决措施。"蝠音象限"能够动态实时地展现城市公共场所的人群活力变化，例如，社区公共活动室的人群聚集和停留情况、某公园广场的人群聚集情况，并通过机器学习算法了解过往数据规律、预测未来活力情况。"海豚象限"能够将动态指数体系的量化指标进行可视化展示，既展示城市运行状态的客观情况，例如，居住人口密度的分布、公共服务设施的空间分布，又能展示标准化聚合后的体检指标结果，助力空间画像认知和体检诊断。

在治理层面，是希望基于认知判断提出改善的实施建议的，因此需要与政府部门紧密结合，根据政府层级制定不同的工作重点：在市级层面，"回天有数"动态指数体系要与市级城市体检指标同步联动，形成先发案例；在区级层面，建立区级协同治理机制，对主要项目的实施效果进行跟踪和预评估，形成时间上的纵向治理机制；在社区层面，率先在试点社区进行精细化观测体检和精细化治理提升，并逐渐将标准化体检模式推广至其他社区，形成社区尺度横向治理机制。

除构建数据认知体系外，还招募企业、高校学者、社会组织、社区居民、新闻媒体，邀请部分团队主体策划独立专题，构建社会智库、共同探讨地区治理的方法，形成协同治理；同时还秉承开放共享的理念，计划在未来为合作伙伴提供数据接口与平台，开放数据资源的使用，营造协同治理的合作生态圈。比如，为了采集居民对回龙观大街空间环境，以及自行车专用路重点项目的意见和建议，开展"基于新媒体的环境提升公共参与机制设计"专题，开展线下和线上的大众提案征集活动，收集大众提案。为了获取居民满意度等主观感受数据，策划开展了"回天社区居民满意度及参与意愿调查"，与中国人民大学社会学系的专业团队合作，带领来自北京农学院、华北电力大学的30多名大学生志愿者，对"回天地区"多个社区居委会和多位居民进行访谈和问卷调查，拜访的居民户数超过4500户。为了预测模拟交通流量未来变化，以及相应的商业活力中心迁移，策划了"社区活力空间可达性支持体系研究"专题，邀请专业团队合作，针对回天地区城市空间活力不足现象，从城市复合交通（包括机动车、自行车、步行的角度）展开"交通-行为-用地"的量化模型研究。在未来，"回天有数"还将继续跟踪回天地区的变化，同时也将持续收集民情民意，将数据和民意转化为协助政府科学治理的决策建议。

总而言之，"回天有数"在治理层面的工作成果将形成《城市更新修补报告》和《社会治理蓝皮书》。其中，《城市更新修补报告》是针对政府的分析报告，提供年度体检诊断结果、对指标的解读分析、项目实施效果的评估模拟，以及提出下一阶段城市治理提升的对策和建议。《社会治理蓝皮书》是针对大众和媒体发布的报告，对"回天地区"的改造提升的阶段成果进行年度统一宣传和发布，扩大"回天有数"工作的社会影响力。

近年来，城市规划和公共治理中在大数据应用、参与式规划和新媒体推进规划转型方面均有深入的研究，创办有规划云平台和中国时空数据平台。有了这样的平台，城市研究者、规划设计从业者、城市管理者等就不需要像从前一样为汇集数据而奔波，可以节省更多时间和精力，从事更多有价值的、深入的研究，去研究城市治理中的现实问题，创造更大的价值。如今，通过锚点分析，便可以看到特定空间单元内的居民或者工作人群的人口特征、就业特征、通勤特征，呈现特定单元内的人群出行行为、通勤方向、通勤距离、休闲活动等空间生活状态。通过一段时期在城市规划和公共治理方面的数据积累，还可以尝试发现城市空间和社区居民之间互动的规律。未来，通过长期的数据沉淀，就可以基于数据平台，了解公共政策和城市建设对社区居民活动的影响，以及社区居民活动对城市空间在各个指标维度上的影响。如此就具备了进行模型模拟和预测的基础条件，这也是达成智慧城市的可行途径。

目前，通过对于回天地区体检所发现的问题、民意反馈的问题和改善实施建议，都已经获得了高度重视。政府各职能部门对体检成果和建议进行具有针对性地研究，并相继转化为一批新增的惠民项目。

"回天有术"

对人的关怀，是城市规划和发展的最终要义。我们走访了位于回天地区的北京清华长庚医院。记得我在北京市规划委员会工作时，曾参与过这所医院的规划选址，而此次走访的目的是了解公共医疗服务提升的状况。目前清华长庚医院二期工程正在规划扩建，这也是深化

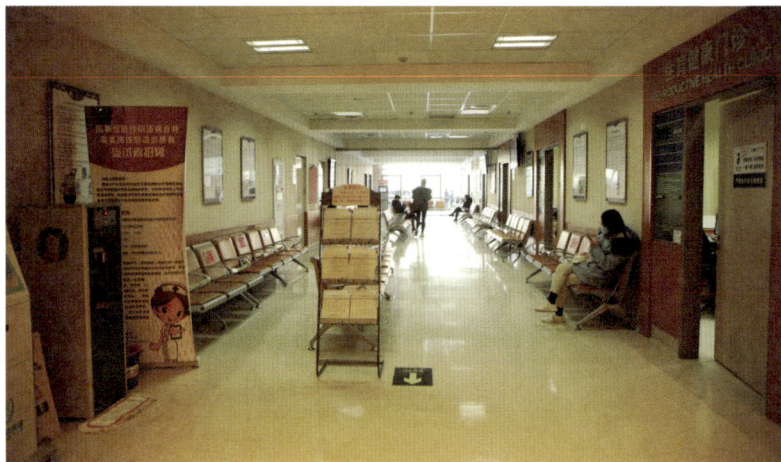

清华长庚医院

"回天地区三年行动计划"，进一步补齐基础设施、公共服务等短板的亮点案例，通过提升"回天地区"的医疗条件，大大缓解了居民的就医压力。

北京清华长庚医院院长向我介绍了医院二期规划扩建的占地面积、总建筑面积、总规划床位等情况。可以预计，未来3年，医院在床位、医疗能力上将有很大提升。北京清华长庚医院的妇产科也是特色科室，在医院的候诊空间，我见到了孕妇张燕秋女士，她是一位典型的天通苑社区居民，从艰辛的北漂生活，奋斗到在北京安家，现在她的孩子将要出生，也将和城市一同成长。据统计，"回天地区"居民年龄构成中，19岁到40岁年龄段人群占比高于全市。其中80后的年轻人居多，妇产科就医需求突出，孕妈妈的肚子里孕育着下一代"回天人"，他们也是城市未来的希望。

2020年11月23日下午，我们来到了龙泽苑社区，访问社区伊然书记。在龙泽苑社区，她是最了解这里每一位居民和一草一木的人，既切身感受着"回天地区"在公共服务方面的变化，也切身实践着"办好群众家门口的事"的承诺。此次伊然书记带领我们考察"回天地区"居民身边感受到的发展，从丰富的体育运动设施，到卓有成效的社区卫生治理，再到丰富的社区活动，这里有太多生动的案例。当路过正在实施的锅炉房改造工程时，伊然书记告诉我这里即将建成老年餐桌。

在休憩空间方面，大量居民提出缺少就近活动的口袋绿地、儿童活动场地或球类活动设施，建议营造点状、带状的休憩空间，重新挖掘闲置空地价值。在儿童活动空间方面，回龙观西大街周边供儿童活动的公共区域较少，已有活动空间存在安全隐患。居民建议增加公共儿童活动场地与活动设施，提高儿童活动的安全系数。在"回天地区"的诸多发展难题中，"一老一小"的问题也是居民最关注的问题。为此，我们访问了社区内的北京新世纪幼儿园，与孩子们互动，听伊然书记讲述切实惠民的普惠园政策，这也是"回天地区"公共服务提升的一环。

关于"一老"的问题，我们考察了霍营的养老驿站，了解这里医养结合的养老方式，以及如何破解社区居家养老服务的供需错位、医养资源结合不够等问题。看到这里除了生活照料以外，还有丰富老年人精神生活的活动，让老年人在这里觉得不冷清孤单。根据"回天地区三年行动计划"，"回天地区"的每个镇街至少都要配套 1 家养老照料中心，逐渐实现养老照料中心的全覆盖。养老服务要用真心善心、尊重爱护，实现老年人在其周边、身边和床边就能享受居家养老服务，使"回天地区"的老人们拥有获得感和幸福感。在养老设施方面，"回天地区"共有 10 个养老院，总床位数 2331 张。按照养老设施标准核算，每万人需要 80 张床位，共计需要约 6400 张床位，目前"回天地区"床位缺口较大。养老设施分布也存在错位，养老最便利的地区，反倒是年轻人比例最高的史各庄街道，现有 3 个养老院；而老年人比例相对更高的回龙观街道和霍营街道，却没有养老院。因此，应完善养老服务体系，建立以居家为基础、社区为依托、机构为补充的养老服务体系。统筹区域内外资源，通过市场化等多种方式，加快推进配套养老设施和社区养老服务驿站建设。同时，支持社区民众性自治组织开展居家养老互助服务，为居家老人提供生活照料、家政服务、文化娱乐和精神慰藉等社会化服务。

在安全与健康方面，回天地区整体健康安全指数为 0.39，超 46.8% 的街道，处于全市中等水平。其中应急避难指数最高。即居民遇到紧急事件时能够及时避难，公安、消防和医疗急救应急服务提供安全保障。公安治安方面虽然排名欠佳，但是平均反应时间最短，仅需 6.4 分钟。以社区居民需求为导向的一刻钟社区服务圈覆盖率达到 90%。"互联网＋社区""互联网＋生活性服务业"等新模式、新业态应运而生，企业与社区高度融合，集家政餐饮、远程医疗、智能泊车和居家养老等社区服务于一体的智慧社区将全面提升便利性和居民生活质量。

"回天地区"的生活便民服务设施便利度超过全市 56% 的街道。我们先后考察了回龙观体育文化公园、国风美唐小区和自行车专用路，深刻感受到面对巨型的复杂系统开展公共治理的不易。城市的治理就像一个温度管控器，协助政府，有人情味、有包容性、有活力。一个流动的卖菜小车、一小片健身区、一个马路边下棋的小台子，这些碎片都能帮助我们理解市民的生活细节。需求就在这些细微之处，既要注重城市的风貌和秩序，也要保护城市的温度，真正关注人的需求。

"回天地区"总体便利与品质得分 0.62，超过全市 29% 的街道。在服务多样性和休闲便利性方面存在一定优势，很大程度上得益于市场商业服务的蓬勃生长，也体现了"回天地区"巨大的商业需求和潜力。目前，龙泽园街道各类设施便利度最高，天通苑北街道生活便民设施便利度高。

在"回天地区"，除了大型商业超市之外，底层商店成为区域消费的有效补充。包括杂货铺、水果店、点心房、家电维修等小型店铺，能够满足多数社区居民的日常生活需求。"回天地区"餐饮娱乐设施便利度超全市62%的街道。天通苑南街道的餐饮娱乐设施便利度最高，超过全市80%的街道。目前正在继续织密便民服务网络，统筹疏解腾退空间、国有商业设施、社会化空间等各类资源，优先用于补充完善生活性服务业便民网点配置，重点用于蔬菜零售、早餐等居民需求突出的生活性服务业。引导社区超市增加蔬菜零售，引导现有连锁便利店和餐饮网点增设早餐服务，提高社区生活性服务业便民网点服务能力。

"回天地区三年行动计划"着力提升生活性服务业品质，鼓励各类生活性服务业创新发展模式的探索和实践，积极引进以大数据分析、移动互联、智能物联网等先进技术为基础的创新型生活性服务业企业，鼓励发展生鲜超市与居民餐饮相融合、线下消费与线上服务相融合、基础服务与各类其他服务赋能相融合的创新企业，全面推进消费服务、消费商品与消费者需求最优化匹配，实现线上、线下一体化的智慧服务全覆盖，提升生活性服务业服务品质。

一方面，创新发展各类生活性服务业模式，加强现代电商和物流的配送，实现社区综合服务网络体系建设。另一方面，整合提升低效商业网点，建设规范化、连锁化、品牌化商业网络体系，满足居民不同层次生活需求。通过引入"厢式"便民网点，或将居委会、物业的部分办公用房用于建设生活性服务业便民网点等措施，积极解决商业性房源短缺的问题，满足社区民众的需求。生活性服务业便民网点，包括蔬菜零售网点、便利店、超市、美发店等项目的全覆盖，每个行政社区需要有两家蔬菜零售网点。

"回天地区"现有城市公园共 23 处，面积 76 万平方米；郊野公园 3 处，包括东小口森林公园、太平郊野公园和半塔郊野公园，面积 380 万平方米。存在的主要问题一是公园绿地总量不足，人均公园绿地面积为 0.92 平方米，加上外围郊野公园和天通苑地区的部分居住区集中绿地，为 6.08 平方米，明显低于全区 13.72 平方米和全市 16 平方米的人均水平，人均指标差距明显；二是公园绿地功能构建、设施配置和活动培育需要加强，公园现有的休闲设施配置水平滞后，难以满足社区民众在儿童游乐、体育健身、主题休闲等方面日益多元化、品质化的活动需求。"回天地区"缺乏大型综合公园，难以形成综合性、生态型的休闲游憩服务需求。特别是社区公园和郊野公园的休闲游憩设施类型不全、设施陈旧，特色化、主题化的游园活动缺乏，社会效益较差。"回天地区"园林绿化建设养护水平和景观品质有待提升，各类公园绿地的建设养护水平整体偏低。道路附属绿化在绿地率、郁闭度、复层种植、花卉使用、植物景观多样性等方面有很大提升空间。部分重要节点的景观品质偏低、绿化景观意向不突出，缺乏精品公园和精品绿化街区。

同时，绿地管理问题突出，极大制约绿地多元功能发挥。由于规划、投资、管理，以及城乡二元体制等多方面的原因，存在违章建设侵蚀绿地、代征绿地收缴困难、居住区圈占绿地，以及封闭管理和多头管理等突出问题，限制了绿地公共服务功能的发挥。为此，需要采取多种措施提高绿地管理水平，提升绿地品质。针对居民提出将闲置碎地改造成休闲绿地的建议，应对"回天地区"的闲置碎地进行全面梳理，积极营造点状、带状的口袋公园和小微绿地系统。同时积极与需求量同样较大的儿童休闲设施相结合，服务于低龄人群。

体育设施方面，"营利型"体育场馆帮助"回天地区"成为全市体育设施便利度最高的地区，平均超过 94% 的街道体现了居民对体育活动的高度需求。特别是史各庄街道因为有大学校园，所以体育设施多样性非常高。但是"回天地区"由政府投资建设的"公益型"体育场馆缺失。

通勤方面的排名比服务设施便利度排名更低，回天地区综合通勤便利度指数约为 0.39，仅超全市 25% 的街道，处于全市较低水平，通勤绕路和拥堵情况严重。"回天地区"区域整体出行便利性也较差，拥堵时间较长，存在一些严重堵点和断点，早晚高峰比全市平均早 1 小时，全天拥堵时间长达 8 小时。2021 年 1 月 4 日清晨，我站在天通苑社区的过街天桥上，除了社区风景外，满眼尽是匆忙行走的人群和共享单车、汽车大军。"开往天通苑北站方向的列车即将进站"，伴随着地铁站广播的声音，地铁站外的一排排共享单车前人流匆匆。2002 年，地铁 13 号线开通，回龙观地区一下子与北京市中心区、中关村软件园有了便利的交通联系，来这里买房的家庭也越来越多。当时人们拿出几年的积蓄，就可以拥有一个属于自己的家，扎根北京的头等大事就能解决。但是"回天地区"的房屋也开始涨价，2013年以前，这里新房价格在每平方米2万元以内，2015年突破了3万元。

"回天地区"需要提升地铁运力，目前13号线回龙观－知春路段，断面小时流量约4万左右，满载率在1.25左右，回龙观10千米以内短距离地铁出行量约为1万左右。目前13号线现状运能已达到设计运能，没有运力提高条件。为此，应积极推进建设轨道快线R3线，该线在龙泽站与13号线换乘，并与13号线对客流的服务方向相近，将进一步缓解13号线的拥堵状况。这一线路的中段已经列入轨道交通网建设方案中，应推动北段，即牡丹园－沙河高教园区段纳入建设计划。同时，提升区域对外连通性，推进轨道交通17号线、轨道交通19号线北段北延和连接"三大科学城"的轨道交通项目建设。

在地铁接驳方面，地铁周边交通混乱是居民关注的焦点。私家车、自行车、公交车、行人在公交接驳换乘的过程中互相干扰。相当一部分居民对回龙观站和龙泽站出入口附近的黑车占道、公交进站困难、共享单车乱停放、骑行和步行困难尤其关注。作为公交换乘枢纽的公交车站，缺少候车空间和必要的照明条件；机动车违章停放缺少监管，使得公交车辆难以进站停靠，加剧了交通混乱程度。天通苑地区公交场站严重缺乏，现状仅按规划实现2处，未实现规划的2处公交场站占地面积约 8500 平方米，需重新落实选址。目前区域停车位缺口数量 61613 个，规划停车场 10 座。

城市在如何运行，人的行为活动最能直观地体现，如居民的流入流出、通勤联系等。应进一步突出以人为本的设计理念，优化交通接驳动线，对回龙观站、龙泽站等轨道枢纽节点进行"地铁－公交－行人－骑行"复杂接驳动线的研究梳理，进行精细化再设计。改造拥堵严重的地铁站点，优化接驳环境和动线，对出入口、行人、自行车、公交车、私家车的需求和动线进行梳理，设置快速安检系统，优化客流组织、通行效率、运行能力和安全性。增加步行过街节点和人行天桥，提高居民步行出行的便利性。

大力提升公交运输能力，推动地区公共交通发展，适当增设地区到主要工作地的定制公共交通。发展快速公共交通专线，在就业地相对集中的情况下，定制公共交通和快速公共交通专线能够明显改善通勤速度和舒适度。通过打通东西、南北向干道，施划公共交通专用道，将回龙观至上地、中关村等近距离地铁出行人群转移至地面公共交通方式。

加密回龙观地区内部公共交通线网，特别是加密公共交通与地铁站接驳线路，提升区内公共交通出行比例，以及改善区域与地铁的公共交通接驳条件。避免机动车、自行车、行人在公共交通接驳换乘的过程中互相干扰。对回龙观至上地等严重拥堵路段，研究施划潮汐式公共交通专用道。对新建主次干道，规划配建公共交通港湾；对已建成主次干道的公共交通站台，研究实施港湾式改造。

自 20 世纪 90 年代起，架桥修路一直是北京城市建设的重头戏，但是道路却是越修越堵。北京的地面交通长期倚重小汽车交通，以道路建设满足小汽车交通需要，已使拥堵问题陷入"面多加水、水多加面"的恶性循环。城市建设也遭到大马路切割，许多路段失去了宜人的街道尺度。因此，应以公共交通主导为原则，重新定义现有的路网规划与道路工程方案，发展"公交 + 步行 + 自行车"的交通方式，此种绿色交通也应在全市范围内得到推广。树立"窄马路、密路网"的城市道路布局理念，积极采用单行道路方式组织交通，加强自行车道和步行道系统建设，倡导绿色出行，以提高公共交通分担率为突破口，缓解城市交通压力。

　　以前回天居民赴中关村产业园上班的最大阻碍是京藏高速——驾车拥堵，却因缺少跨越高速的骑行道路而无法改用绿色出行。如果居民要跨越京藏高速，只能从人行天桥或北郊农场桥的非正规骑行道路通过，费力且危险。为解决这一问题，北京市投资建设了回龙观至上地的自行车专用路，东起文华路、西至后厂村路，包含跨越京藏高速路段、下穿京包线铁路路段和西侧地面路段。从范围上看，"回天地区"居民骑行 15 分钟可达范围向西南方向扩展了，覆盖了中关村软件园区；从受益小区上看，自行车专用路主要激活了同成街北侧小区及西南部回龙观新村附近小区的骑行可达性。

　　以汽车为中心的公路交通正在出现全球性的转变。如在荷兰，1600 万人拥有约 1800 万辆自行车，拥有庞大的骑车人群，从幼儿园开始自行车安全行为和骑车礼貌行为就被列为教育内容。在丹麦，哥本哈根的自行车道长度约 400 千米，相当于 8 条北京三环的长度。在英国，伦敦计划修建 12 条高速公路自行车道。在"回天地区"建设骑行系统，人们的生活也将由"四轮"回归到"两轮"。

2019 年，回龙观大街、义华路、同成街慢行系统和霍营公园骑行一级园路建成投入使用，形成经回龙观东大街，穿越霍营公园和太平郊野公园，连接天通苑西区的骑行路。2020 年，太平庄中街步行道和自行车道建成使用。同步加快回龙观体育文化公园周边道路建设，满足青年人群和老年人群骑行和步行。2021 年，建成北起十三陵水库，经滨河森林公园、沙河湿地公园、奥北森林公园，与奥林匹克森林公园相连，总长度约 42 千米的昌平区中轴骑行慢跑绿道。在铺装上，充分考虑平整度，保障老年人和儿童的行走安全。

如今，回龙观、天通苑地区公共服务和基础设施供给有效增加、品质明显提高、体系更加完善，交通严重拥堵和职住严重失衡的状况得到缓解，城市治理能力显著提升，人居环境大幅改善，为长期可持续发展奠定了坚实基础。根据中长期规划，到 2025 年，公共服务基本达到城六区平均水平，基础设施体系规划基本落实；到 2035 年大城市病治理取得显著成效，建成与国际一流的和谐宜居之都相匹配、相协调的公共服务和基础设施体系。

一段时间以来，城市建设以外延式扩张为主，同时城市中心功能过度集聚，空间无序蔓延，对于资源的保护不足，环境污染和自然灾害风险长期存在，城市空间品质不高，休闲游憩空间不够，公共文化空间系统性和生活便利性较差，不能满足社会民众日常需要。今后需要充分尊重客观规律，完善空间治理，提高自然资源节约集约利用水平，不断提升城市空间品质，形成绿色发展方式和生活方式，建设安全、绿色、宜居和富有魅力的城市空间，提供丰富多元的蓝色生态文化创意，增强社会民众的获得感、幸福感、安全感。注重人们在城市空间中的体验，避免为了所谓的提升档次，进行美化改造，盲目加大设计尺度，使过去充满人文关怀的生活空间逐渐消失。因此，在城市规划设计和公共设施建设中，总是出现为了视觉需要而违背人们活动规律的当下，强调城市规划设计要体现"以人为本"就显得特别重要。

图书在版编目（CIP）数据

人居北京. 历史城市的现代生活 / 单霁翔著. --
北京：中国大百科全书出版社，2023.3
ISBN 978-7-5202-1299-1

Ⅰ．①人… Ⅱ．①单… Ⅲ．①城市规划—北京 Ⅳ.
①TU984.21

中国国家版本馆CIP数据核字（2023）第034257号

出 版 人：刘祚臣
策 划 人：蒋丽君
责任编辑：黄佳辉
责任印制：邹景峰
出版发行：中国大百科全书出版社
地　　址：北京阜成门北大街17号
电　　话：010-88390718
邮政编码：100037
设计制作：静　颐
印　　制：北京顶佳世纪印刷有限公司
字　　数：220千字
印　　张：10.75
开　　本：880毫米×1230毫米　1/32
版　　次：2023年3月第1版
印　　次：2023年3月第1次印刷
书　　号：ISBN 978-7-5202-1299-1
定　　价：98.00元